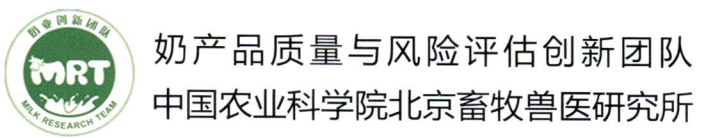
奶产品质量与风险评估创新团队
中国农业科学院北京畜牧兽医研究所

中国奶产品质量安全研究报告

(2018年度)

郑　楠　李松励　王加启　主编

中国农业科学技术出版社

图书在版编目（CIP）数据

中国奶产品质量安全研究报告. 2018年度. / 郑楠，李松励，王加启主编. —北京：中国农业科学技术出版社，2019.12

ISBN 978-7-5116-3294-4

Ⅰ. ①中⋯ Ⅱ. ①郑⋯ ②李⋯ ③王⋯ Ⅲ. ①乳制品—产品质量—安全管理—研究报告—中国—2018 Ⅳ. ①TS252.7

中国版本图书馆 CIP 数据核字（2019）第 296968 号

责任编辑	金 迪　崔改泵
责任校对	李向荣
出 版 者	中国农业科学技术出版社
	北京市中关村南大街12号　邮编：100081
电　　话	（010）82109194（编辑室）（010）82109702（发行部）
	（010）82109709（读者服务部）
传　　真	（010）82106650
网　　址	http://www.castp.cn
经 销 者	各地新华书店
印 刷 者	北京地大天成文化发展有限公司
开　　本	787mm×1 092mm　1/16
印　　张	6
字　　数	54千字
版　　次	2019年12月第1版　2019年12月第1次印刷
定　　价	100.00元

◆◆◆ 版权所有·翻印必究 ◆◆◆

《中国奶产品质量安全研究报告（2018年度）》

编 委 会

主 任 委 员：李金祥

副主任委员：梅旭荣　秦玉昌　钱永忠　张智山

委　　　员（按姓氏笔画排序）：

　　　　　　王　强　王凤忠　刘　新　刘潇威

　　　　　　李　熠　李培武　邱　静　陆柏益

　　　　　　陈兰珍　罗林广　周昌艳　郑永权

　　　　　　聂继云　徐东辉　焦必宁

《中国奶产品质量安全研究报告（2018年度）》

编 写 组

主　编：郑　楠　李松励　王加启

副主编：张养东　赵圣国　刘慧敏　孟　璐

　　　　李慧颖　周振峰　王玉庭　顾佳升

编　委（按姓氏笔画排序）：

　　　　马占山　王　成　王丽芳　王建军　车跃光

　　　　叶巧燕　苏传友　杜兵耀　李　明　李　栋

　　　　李　琴　李爱军　杨怀谷　张　进　张佩华

　　　　张树秋　陈　贺　郑百芹　赵善仓　郝欣雨

　　　　姚一萍　高亚男　陶大利　韩荣伟　韩奕奕

　　　　程建波　戴春风

前　言

　　一杯牛奶，强壮一个民族。奶业发展密切关系民生保障，关系国民体质增强，是农业现代化的标志性产业，是食品安全的代表性产业。小康社会不能没有牛奶，十几亿中国人不能没有自己的民族奶业。发展奶业、提升奶业、振兴奶业，是推进农业供给侧结构性改革的重大任务。

　　《中国奶产品质量安全研究报告》自2016年以来每年发布，客观科学地展现奶业发展的状况，重点介绍奶业质量安全技术研究进展。

　　2018年，农业农村部奶产品质量安全风险评估实验室（北京）继续联合全国奶产品质量安全风险评估团队共15家单位，对奶产品质量安全进行了系统风险评估研究。

　　本报告立足于科研团队的研究结果和国外资料综述，既不代表政府，也不代表行业组织。在内容上，每年有不同的侧重点，不是全国普查，不能面面俱到，也不能解决或回答很多问题。编写本报告仅为做强做优我国奶业，为所有中国人都能喝上奶，喝优质奶，保住中国人自己的奶瓶子提供一点参考。不足之处，请批评指正。

目　录

第一章　奶业基本情况 …………………………………… 1

　　一、牛奶产量止跌回增和产业素质持续提升 ……… 2

　　二、奶制品加工量和消费量持续增长 ……………… 4

　　三、国际奶业竞争依然激烈 ………………………… 5

　　四、2018年我国奶制品进口贸易情况及
　　　　影响、建议 ……………………………………… 7

第二章　国产奶质量安全水平稳步提升 …………………… 28

　　一、奶制品安全高于全国食品平均水平 …………… 29

　　二、主流品牌婴幼儿奶粉质量安全水平显著提高 … 30

　　三、国产奶质量安全水平与欧盟比较 ……………… 31

　　四、存在的问题 ……………………………………… 33

第三章　牛奶安全评估研究 ………………………………… 34

　　一、生鲜乳兽药残留评估 …………………………… 35

二、生鲜乳菌落总数评估 ………………………………… 38

三、生鲜乳体细胞数风险评估 …………………………… 43

四、生乳中脂肪、蛋白质评估 …………………………… 50

第四章 乳中活性蛋白功能评价 …………………………… 54

一、乳铁蛋白 ……………………………………………… 55

二、乳铁蛋白保护DNA损伤及相关机制 ………………… 62

三、乳铁蛋白抗肿瘤作用及相关机制 …………………… 66

四、乳铁蛋白保护心脑血管及相关机制 ………………… 71

第五章 专论 …………………………………………………… 75

"奶瓶子"需要优质乳工程 …………………………… 75

参考文献 ……………………………………………………… 82

致谢 …………………………………………………………… 85

第一章 奶业基本情况

- 牛奶产量止跌回增和产业素质持续提升

- 奶制品加工量和消费量持续增长

- 国际奶业竞争依然激烈

- 2018年我国奶制品进口贸易情况及影响、建议

2018年，中国奶业总体稳中有增、稳中向好，奶业结构调整稳步推进、转型升级稳步加快、产业素质稳步提升、质量安全水平稳步提高。但经济增长趋缓、消费增长乏力，加之我国奶业效率相对偏低、成本相对偏高，进口冲击严峻，我国奶业发展压力大、挑战多，实现奶业全面振兴、保障乳品质量安全任重道远。

一、牛奶产量止跌回增和产业素质持续提升

2018年，我国牛奶产量3 075万t，比2017年增长1.2%，比2008年增长2.1%。2008年以来，我国牛奶产量基本维持在3 000万t左右（图1-1），是全球主要的牛奶生产大国（图1-2）。2017年我国牛奶产量位于美国、印度、巴西、德国、俄罗斯之后，居世界第六位，约占全球牛奶总产量的4%。

我国奶牛养殖产业素质持续提升。2018年，全国标准化规模养殖比重进一步增加，存栏100头以上的奶牛养殖场比例预计61.4%，比2008年增长41.9个百分点（图1-3）。牧场机械挤奶普及率100%，全混合日粮普及率80%以上。生鲜乳

中三聚氰胺抽检合格率连续10年100%，生鲜乳抽检合格率99.8%，在食品抽检中位列第一。

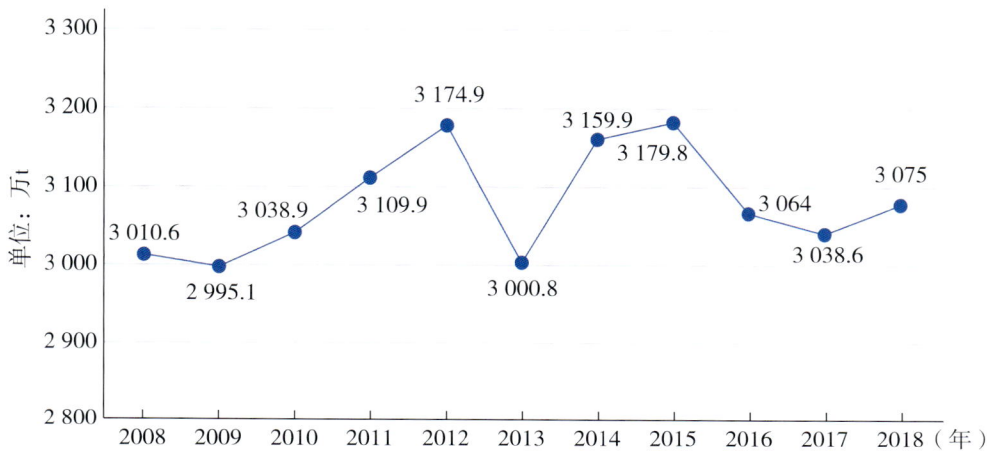

图1-1　2008—2018年我国牛奶产量统计

数据来源：国家统计局

图1-2　2017年全球牛奶产量超过1 000万t的国家统计

数据来源：IDF

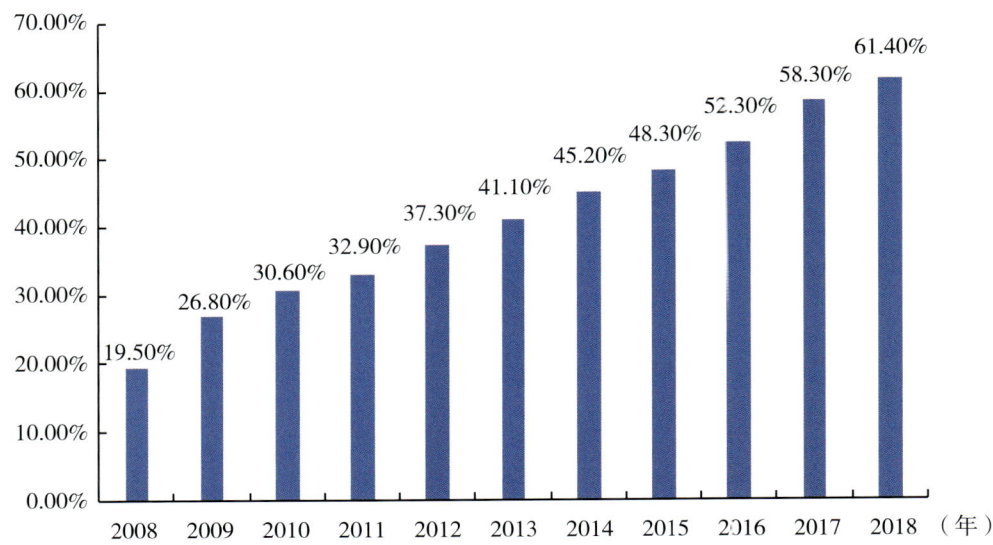

图1-3 2008—2018年我国奶牛养殖存栏100头以上规模比重统计

数据来源：中国奶业统计摘要（2018年为农业农村部公布数据）

2018年，内蒙古*、河北等10个主产省区全年生鲜乳平均收购价格为3.46元/kg，比2017年平均价格降低0.6%。

二、奶制品加工量和消费量持续增长

2018年，我国奶制品加工量2 687.1万t，比2017年增长4.4%。其中，我国液态奶产量2 505.5万t，比2017年增长

---

* 内蒙古自治区的简称，全书同

4.3%；干奶制品产量181.5万t，比2017年增长5.7%。干奶制品中奶粉产量96.8万t，比2017年下降0.7%。奶制品净消费量（注：国内奶制品产量＋奶制品进口量－奶制品出口量）2 946.3万t，比2017年增长4.6%。

三、国际奶业竞争依然激烈

我国奶业与国际奶业关联度较高，受国际奶业发展的影响越来越大。2018年全球奶类总产量8.26亿t（图1-4），比2017年增长1.2%。其中，牛奶产量6.96亿t，比2017年增长2.2%。

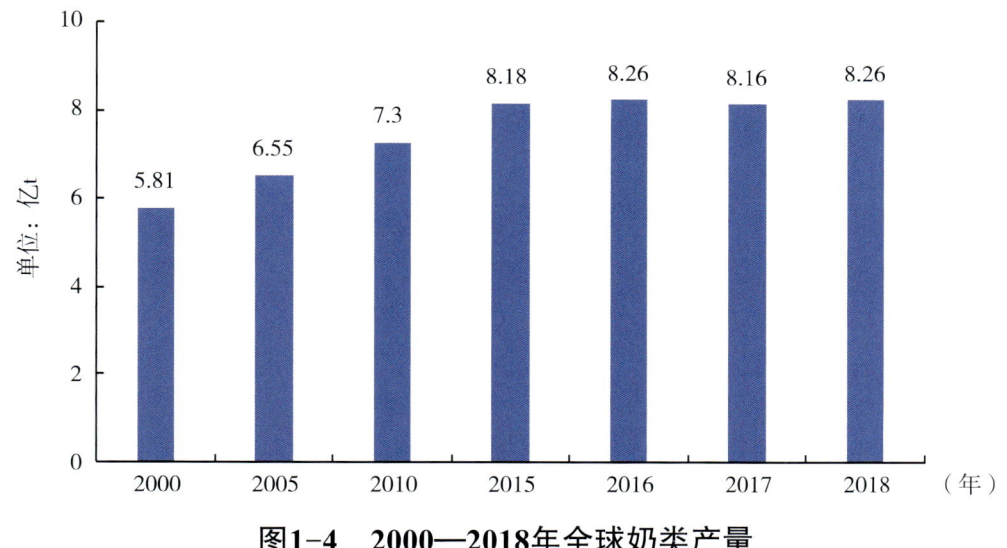

图1-4　2000—2018年全球奶类产量

数据来源：国际乳品联合会（International Dairy Federation，IDF）

2018年，欧盟生鲜乳价格为33.04欧元/100kg，比2017年下降3.4%，折合人民币2.59元/kg。美国生鲜乳价格为32.21美元/100kg，比2017年下降9.65%，折合人民币2.27元/kg。与中国国内生鲜乳平均价格为3.46元/kg相比，分别要低0.87元/kg和1.19元/kg。

2018年，我国奶制品进口总量263.64万t，比上年增加6.7%；进口总额100.63亿美元，比上年增长14.3%。其中，干奶制品进口193.22万t，比上年增加9.2%；进口额90.9亿美元，比上年增长15.7%。液态奶进口70.41万t，比上年增加0.3%；进口额9.73亿美元，比上年增长2.9%。

在进口奶制品中（图1-5），2018年原料奶粉进口80.14万t，比上年增加11.6%；进口额24.29亿美元，比上年增长12.0%；价格3 030美元/t，比上年上涨0.4%；来自新西兰占73.3%、欧盟占12.6%。婴幼儿配方奶粉进口32.45万t，比上年增加9.6%；进口额47.69亿美元，比上年增长19.8%；价格14 699美元/t，比上年上涨9.3%。乳清进口55.72万t，比上年增加5.2%；进口额6.33亿美元，比上年下降4.9%；价格1 137美元/t，比上年下降9.6%，来自美国占47.0%、欧盟占38.2%。奶酪进口10.83万t，比上年增加0.3%；进口额5.13亿美元，比上年增长3.1%，价格4 739美元/t，比上年上涨2.9%。液态奶（不含酸奶）进口67.33万t，比上年增加0.9%；进口额9.13亿美元，比上年增长3.8%；价格1 355美元/t，比上年上涨2.9%；来自欧盟占51.1%、新西兰占34.6%、澳大利亚占12.0%。

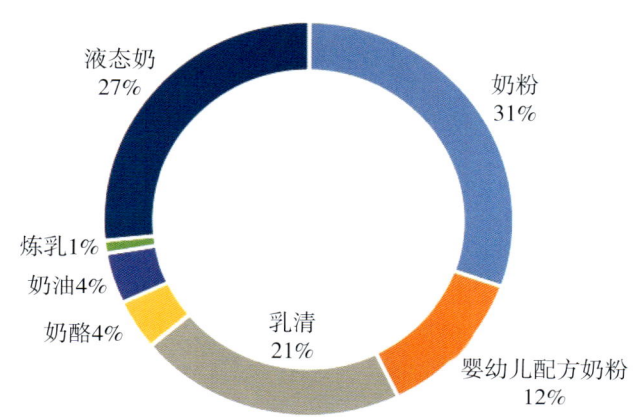

图1-5　2018年我国进口各类奶制品份额

数据来源：中国奶业统计摘要

2018年，我国奶制品进口增长6.7%，比2017年增幅虽有所降低，但进口总量增加，进口压力巨大。

四、2018年我国奶制品进口贸易情况及影响、建议

2001年中国正式加入世界贸易组织以来，奶制品进口关税逐年下降，WTO数据显示，平均关税由2001年的35.0%

降至2017年的12.5%，远低于世界平均水平。目前，奶制品已成为我国重要的进口农产品，2018年奶制品进口额首次突破百亿美元，为100.63亿美元，出口额为3.48亿美元，逆差97.15亿美元，约占我国农产品贸易逆差的17%。一方面，奶制品进口丰富了我国奶制品终端消费市场，为消费者提供了多样选择，也为奶制品及相关食品生产企业提供了丰富的原料；但另一方面，奶制品进口增长过快，导致奶源自给率下降过快。2018年我国奶业自给率为65.7%，已跌破《国务院办公厅关于推进奶业振兴保障乳品质量安全的意见》中设定的2020年奶源自给率高于70%的目标线，我国奶制品供给安全受到一定程度的威胁。

（一）奶制品总体进口情况

1. 进口总量

2000—2008年，我国奶制品进口量小幅增加，从21.9万t增至38.7万t，年均增长7.4%。2008年以后，奶制品进口快速增加（图1-6），进口量从2008年的38.7万t增至2018年的263.67万t，年均增长21.15%；进口额从12.58亿美元增至100.63亿美元，年均增长23.12%。2018年奶制品进口增速有所放缓，进口量同比增长6.74%，进口额同比增长14.35%。

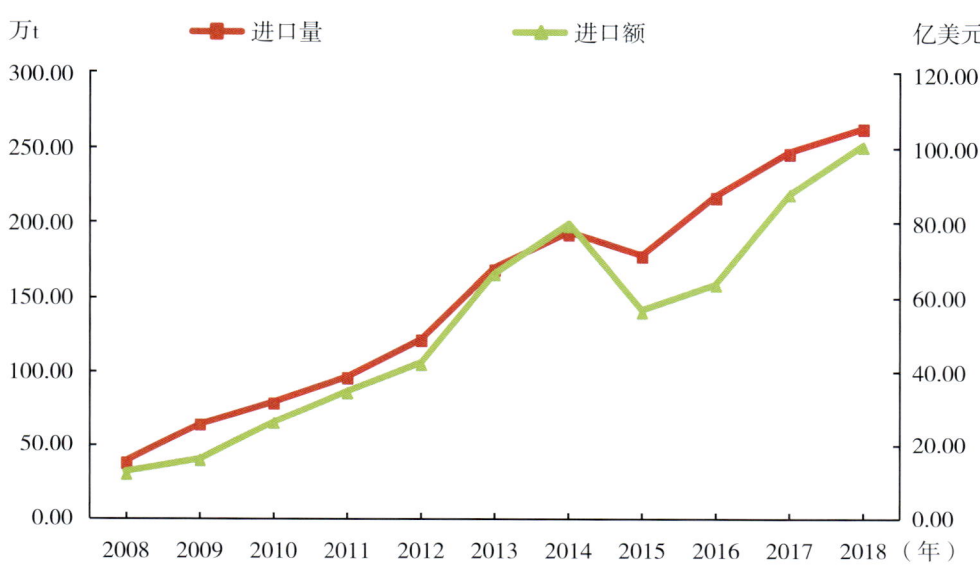

图1-6　2008—2018年我国奶制品进口量和进口额

数据来源：中国海关

从奶制品进口结构看（图1-7），2018年液态奶（鲜奶和酸奶，按照海关税则，鲜奶包括巴氏奶和常温奶）的进口量占比降至26.71%，同比下降1.70个百分点；原料奶粉进口量占比最大，为30.40%，同比上升1.35个百分点；乳清粉进口量占21.13%，同比略降0.31个百分点；婴幼儿配方奶粉进口量占12.31%，同比略升0.32个百分点；其他干奶制品（炼乳、奶油、奶酪）进口量占9.35%。

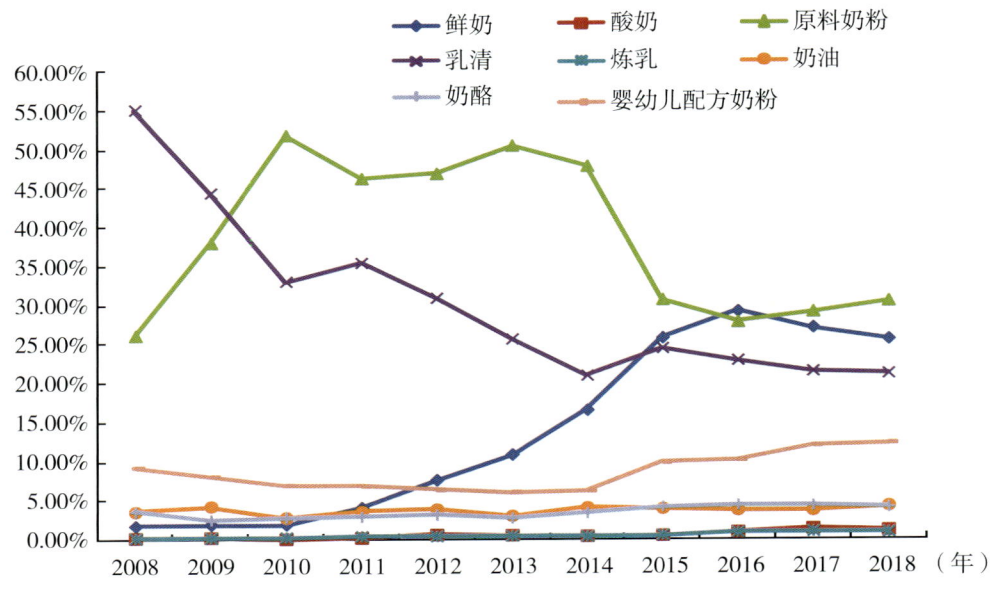

图1-7 2008—2018年不同奶制品品类进口量占比情况

数据来源：中国海关

2018年，我国净进口奶制品（不包括婴幼儿配方奶粉）227.35万t，折合原料奶1 664.6①万t。国家统计局数据显示，2018年我国奶类产量预计为3 186.5万t。以此测算，2018年我国奶源自给率约为65.7%，比2008年下降了27.1个百分点（图1-8）。

---

① 折算率参照《中国—新西兰自由贸易协定》"中期审议机制"规定：脱脂奶粉折算成原料奶比例为1∶8.45.，全脂奶粉为1∶8.67，乳清为1∶8.8；黄油为1∶7.55，奶酪为1∶6.14；其中为了方便计算，将脱脂奶粉和全脂奶粉统称为原料奶粉，折算成原料奶比例为1∶8.5。

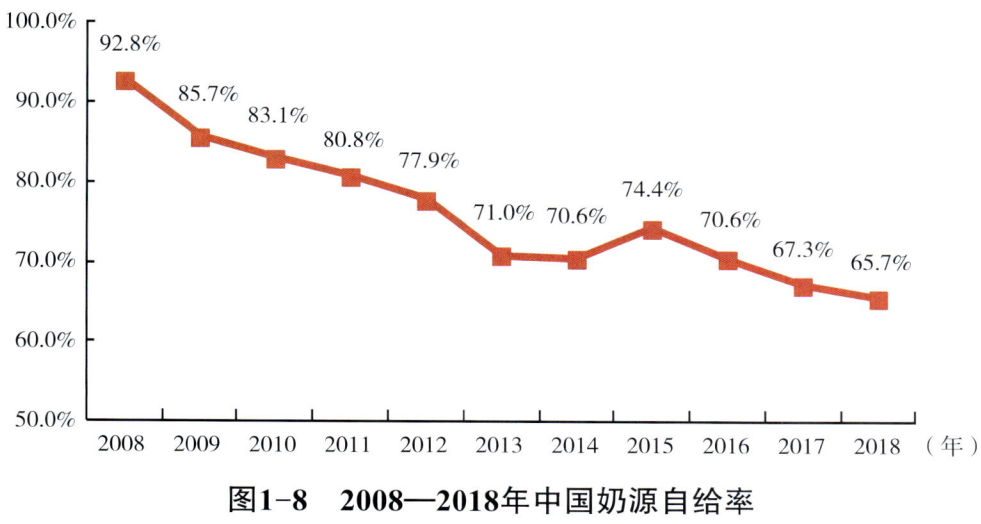

图1-8 2008—2018年中国奶源自给率

数据来源：国家统计局，中国海关

2. 分国别进口情况

从进口来源国看，2018年，新西兰是我国奶制品第一大进口来源国，进口量为103.5万t，占总进口量的39.3%，同比增加1.3个百分点；其次是美国，进口量为30.4万t，占比11.5%，同比减少2.5个百分点；从德国、荷兰、法国、澳大利亚分别进口奶制品27.5万t、19.4万t、19.3万t、18.2万t，占比分别为10.4%、7.4%、7.3%、6.9%（图1-9）。

2008年10月，中国和新西兰政府签订《中国—新西兰自由贸易协定》，自2008年起，中国从新西兰进口奶制品关税逐年降低，至2019年，奶制品进口关税全线为零。自

2008年以来，从新西兰进口奶制品数量不断增加，从8.9万t增至2018年的103.5万t，增加了近11倍，特别是原料奶粉，70%~80%的原料奶粉来自新西兰（图1-10）。为了防止新西兰奶制品对我国奶业的过度冲击，《中国—新西兰自由贸易协定》规定对于原料奶粉、液态奶（指常温奶和巴氏奶，不包括酸奶）、黄油、奶酪4类产品共11个税号采用特殊保障（"特保"）措施，一旦进口量达到触发水平，"特保"就会启动，关税恢复至最惠国关税。原料奶粉的特殊保障措施适用期为2009—2023年，鲜奶、黄油和奶酪产品适用期为2009—2021年。近年来，新西兰奶制品进口量触发"特保"时间不断提前（表1-1）。凭借成本及价格优势，从新西兰大量进口奶制品，特别是原料奶粉，已对我国奶业产生一定的影响。

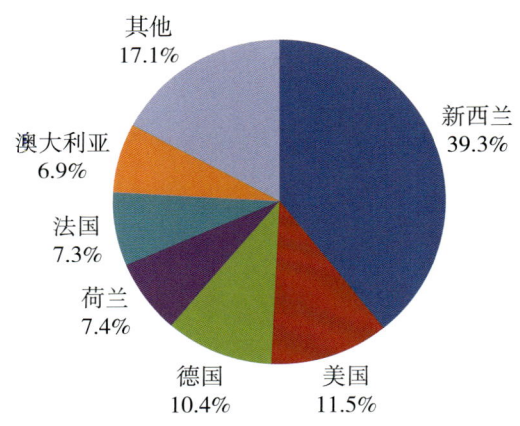

图1-9　2018年中国进口奶制品来源国及占比

数据来源：中国海关

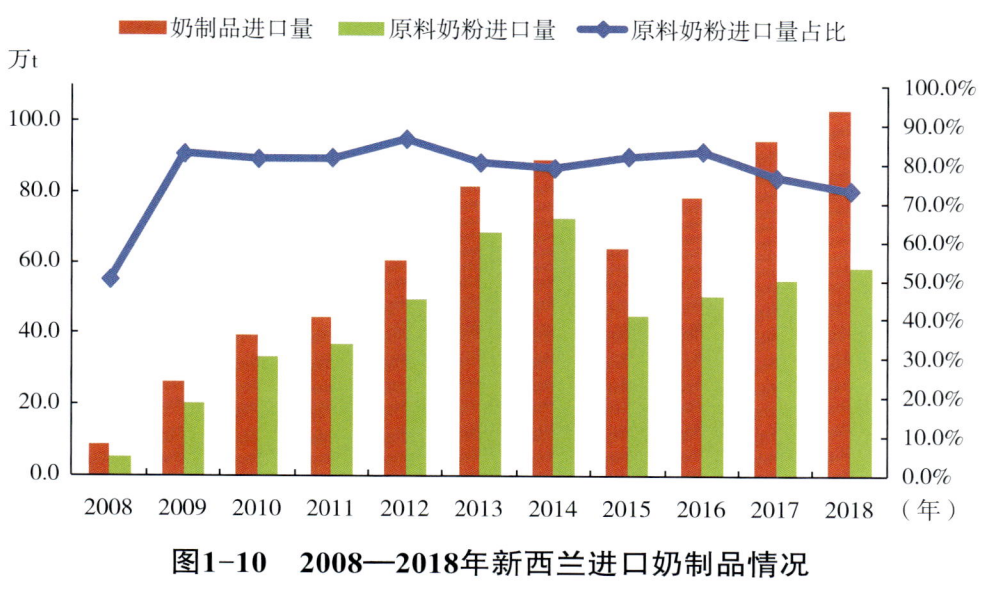

图1-10　2008—2018年新西兰进口奶制品情况

数据来源：中国海关

表1-1　中国自新西兰进口奶制品触发"特保"措施的时间

年份	鲜奶	奶粉	黄油	奶酪
2008	未触发	未触发	未触发	未触发
2009	4月	8月	7月	
2010	4月	4月	6月	9月
2011	2月26日	3月	4月	7月
2012	2月18日	2月	3月15日	4月

· 13 ·

（续表）

年份	鲜奶	奶粉	黄油	奶酪
2013	2012年在途数量已超过2013年触发数量	1月29日	3月4日	3月
2014	1月3日	1月18日	2月13日	2月28日
2015	1月30日	1月7日	1月30日	1月30日
2016	2015年在途数量已超过2016年触发数量	1月21日	1月11日	1月15日
2017	1月5日	1月11日	1月11日	1月5日
2018	2017年在途数量已超过2018年触发数量	1月5日	1月4日	1月2日

（二）奶制品分品种进口情况

1. 液态奶

按进口增速划分，2008—2016年是液态奶进口快速增长阶段，进口量从0.80万t增至65.50万t，年均增长73.4%；

2017—2018年，液态奶进口增速明显放缓，2017年进口量为70.17万t，同比增长7.1%；2018年进口量为70.41万t，同比增长仅0.34%，占我国液态奶产量的2.81%。其中，2018年进口鲜奶67.33万t，同比增长0.85%，进口酸奶3.08万t，同比下降9.94%；鲜奶和酸奶进口均价分别为1 317.18美元/t和1 955.56美元/t，折合人民币分别为8.71元/kg和12.9元/kg，与2017年相比基本持平，处于2008年以来较低水平（图1-11）。液态奶进口量的进一步放缓，表明国内消费者对什么是好奶的认识不断提升，奶制品的消费选择更加理性，国内奶业发展环境有所好转，奶业供给结构更加合理。

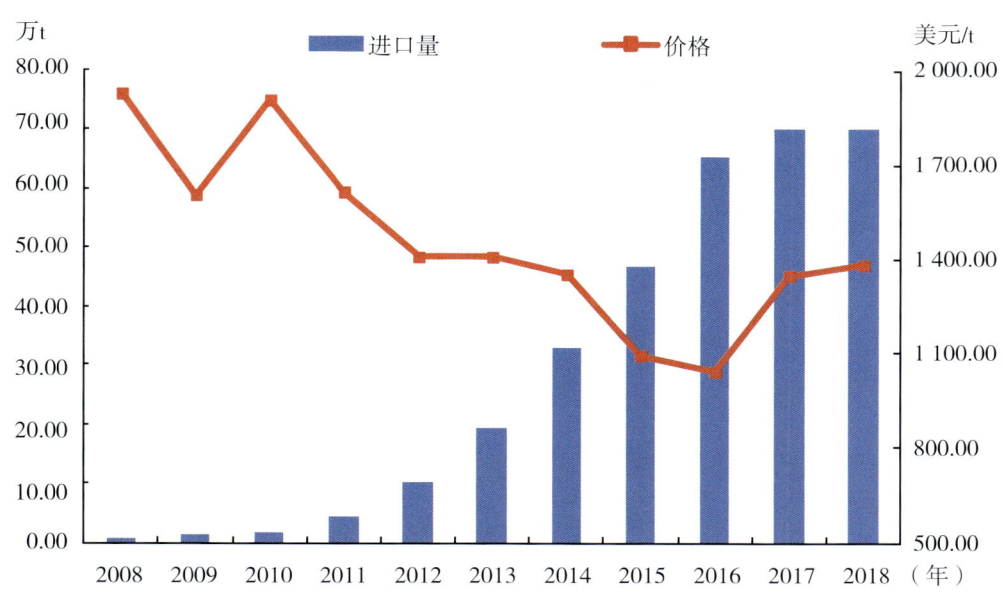

图1-11　2008—2018年液态奶进口情况

数据来源：中国海关

从进口来源看，进口液态奶主要来自新西兰、德国、澳大利亚、法国等国家。在国际范围内，液态奶并不属于国际贸易的大宗产品，这是由液态奶不宜贮运、单位体积价值低的特性决定的。中国液态奶进口大量增加，在国际上具有一定特殊性。对比周边国家和地区，进口液态奶占本国产量的比重都较低，如2017年日本液态奶进口量99.7t，占本国产量的0.002 5%；印度进口量0.14万t，占本国产量的0.01%；韩国液态奶进口量2.74万t，占本国产量的1.62%等。

2. 原料奶粉

原料奶粉不是成品，而是奶制品加工的重要原料，按照我国现行乳品国家标准，可广泛用于生产配方奶粉、酸奶、还原奶、乳饮料、功能性食品等。2008—2018年，我国进口原料奶粉从10.10万t增至80.14万t，年均增长23.01%，高点是2014年的92.3万t（图1-12）。

原料奶粉进口量主要取决于国内外牛奶价差和国内生产情况，按照目前我国的奶制品产品结构，通常认为一年进口70万t左右原料奶粉既能满足需求，又不会积压库存。2018年进口原料奶粉均价为3 030.95美元/t，同比上涨0.59%，处于2008年以来相对低位，折合生鲜乳价格（CIF，成本加保险费加运费）为3.22元/kg，与国内奶价价差为0.24元/kg，比2017年国内外牛奶价差（0.11元/kg）增加0.13元/kg。

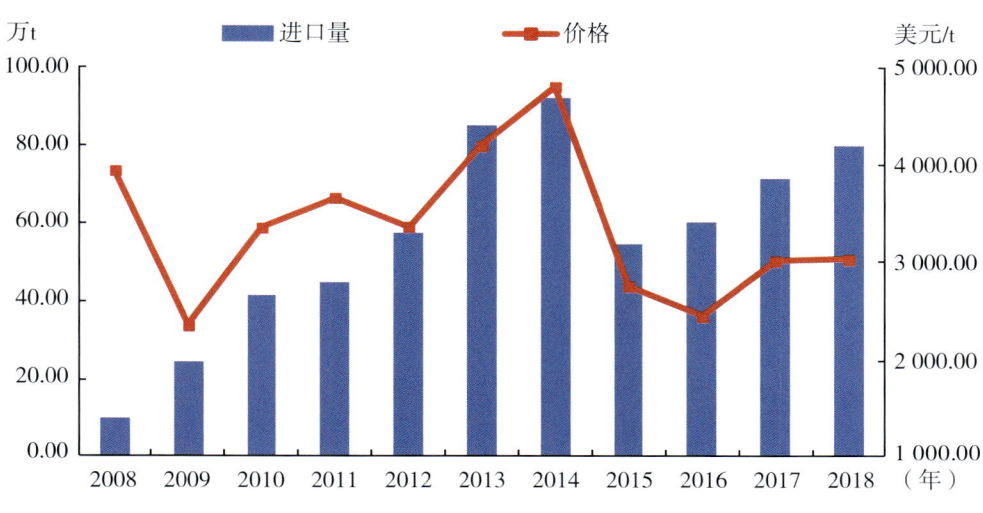

图1-12　2008—2018年原料奶粉进口情况

数据来源：中国海关

新西兰是最重要的进口来源国，特别是在2008年《中国—新西兰自由贸易协定》签订以后，从新西兰进口的原料奶粉关税由之前最惠国税率10%已降至2018的0.8%，2019年将进一步降至零。同时，2015年《中国—澳大利亚自由贸易协定》签订以后，从澳大利亚进口原料奶粉增加，新西兰进口原料奶粉占比有所下降。2018年从新西兰进口原料奶粉58.78万t，同比增加6.9%，占比73.3%，比2017年占比下降3.3个百分点；从欧盟进口10.09万t，同比增加17%，占比12.6%；从澳大利亚进口5.28万t，同比增加14.8%，占比6.4%；从美国进口

2.82万t，同比下降16.6%，占比3.5%（图1-13）。

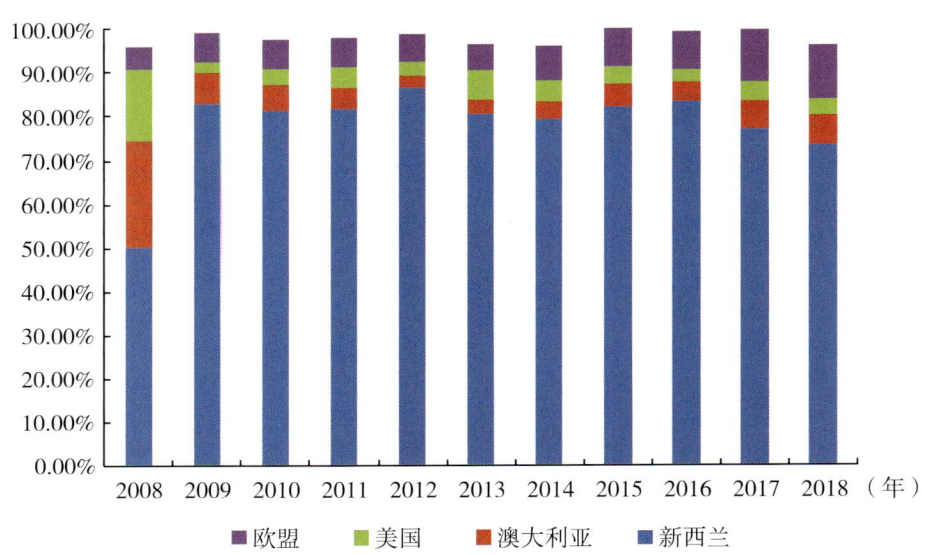

图1-13　2008—2018年原料奶粉进口来源国和地区

数据来源：中国海关

3. 婴幼儿配方奶粉

2018年婴幼儿配方奶粉进口增速放缓，进口量32.25万t，同比增加9.63%，结束了2011年以来双位数增长态势。进口婴幼儿配方奶粉价格总体呈上涨趋势，2018年进口均价为14 699.0美元/t，同比上涨9.3%，比2008年提高33.6%（图1-14）。前五位进口来源国分别是荷兰、新西兰、爱尔兰、法国和德国，进口量分别为10.8万t、5.3万t、4.5万t、3.3万t和3.3万t，占比分别为33.4%、16.2%、13.7%、10.7%和10.2%，合计占比为84.2%。

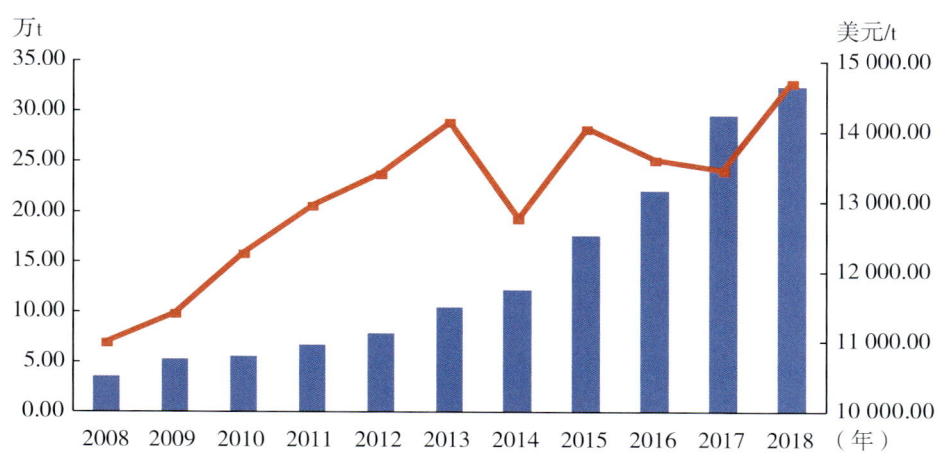

图1-14 2008—2018年婴幼儿配方奶粉进口情况

数据来源：中国海关

4. 乳清

乳清是奶酪生产时的副产品，国内产量很低，基本上依赖进口，其中一部分用于生产婴幼儿配方奶粉。2008—2018年，乳清进口量从21.30万t增至55.72万t，年均增速10.1%，增速相对较慢。2018年进口乳清平均价格为1 137美元/t，同比下降9.6%，处于2008年以来低位水平（图1-15）。

美国是我国进口乳清的重要来源国，2017年54.85%的进口乳清来自美国。从美国进口的乳清中，80%用于饲料，只有少部分用于生产婴幼儿配方奶粉。2018年7月，美国对出口中国的奶制品加征25%的高额关税，但加征关税对我国乳清进口及婴幼儿配方奶粉生产影响有限。乳清属于国际奶制品贸易的大宗产品，来源地可替代性强。2018年从美国进口乳清26.19万t，同比下降9.8%，占比47.0%，比2017年占比减少7.9个百分点；从欧盟进口21.27万t，同比增加13.9%，占比38.2%；从白俄罗斯、阿根廷、乌克兰等其他国家或地区进口8.28万t，占比14.8%（图1-16）。

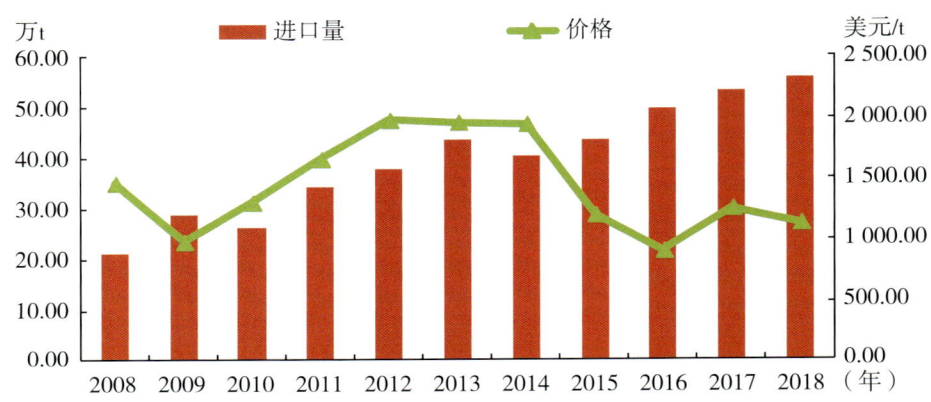

图1-15　2008—2018年乳清进口情况

数据来源：中国海关

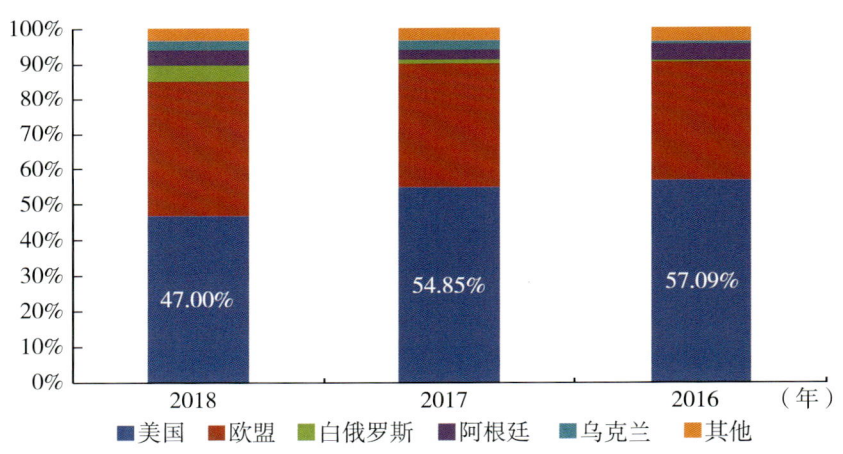

图1-16　2016—2018年乳清进口来源国和地区

数据来源：中国海关

5. 奶油、奶酪、炼乳

随着对动物黄油功能研究的不断深入，以及黄油醇厚的口感，消费者对动物黄油恢复了青睐。2015年以后我国奶油进口量快速增加，2018年我国进口奶油11.3万t，同比增加23.4%，平均价格6 148美元/t，处于2008年以来最高位（图1-17）。

图1-17　2008—2018年奶油进口情况

数据来源：中国海关

奶酪（国家标准GB 5420称"干酪"）在奶业发达国家为最主要的奶制品之一，已形成了庞大的产业链和独特奶食文化。近些年来，年轻阶层对奶酪接受度提高，消费量明显增加，从而推动了奶酪进口增加，同时也助推国内奶制品生产企业重视国产奶酪的研发和生产。2008—2017年，我国进口奶酪从1.40万t增至10.8万t，年均增速25.48%，2018年奶酪进口趋于饱和，增速明显回落，进口量为10.83万t，同比微增0.28%；平均价格4 739美元/t，同比上涨2.8%，处于2008年以来平均水平（图1-18）。

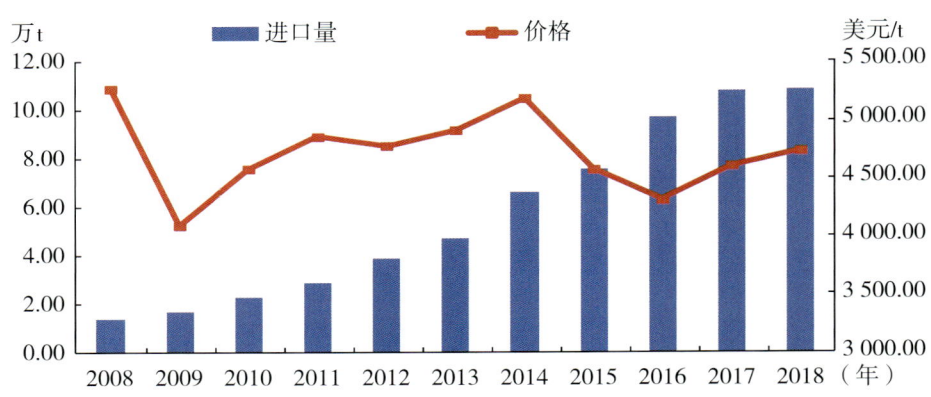

图1-18　2008—2018年奶酪进口情况

数据来源：中国海关

2008—2018年，炼乳进口量持续增加，从0.1万t增至2.75万t，年均增长39.3%。2018年进口炼乳平均价格为1 781.8美元/t，处于2008年以来最低位（图1-19）。

图1-19　2008—2018年炼乳进口情况

数据来源：中国海关

（三）进口奶制品对我国奶业的影响

1. 原料奶粉大量进口冲击国内养殖业，影响消费者福利

我国是全球最大的原料奶粉进口国，2018年，我国进口原料奶粉80.14万t，约占全球贸易总量的20%，相比我国奶类消费量仅占全球6%左右，进口原料奶粉占全球贸易的比重明显偏高。在我国进口的各种奶制品中，原料奶粉是进口量最大、对国内奶业特别是奶牛养殖业冲击最大的奶制品，直接和本土生鲜乳竞争，此消彼长。2008—2018年，进口原料奶粉增加了693.5%，而国内生鲜乳产量仅增加2.1%。通常，进口原料奶粉价格相对较低，打压了我国生鲜乳价格趋势。养殖业空间被压缩，部分奶农被迫退出，奶牛养殖吸纳农民就业功能正在减弱。此外，原料奶粉还原后的奶制品进入终端消费市场，如果消费者在对还原奶标识不够了解的情况下购买该类奶制品，对消费者的消费福利和知情权也是一种伤害。

2. 液态奶进口趋于饱和表明国内消费者日趋理性，奶制品结构更加合理

在奶制品国际贸易中，液态奶并不是主要产品，这是由

液态奶保质期短、运输成本高的特征决定的,更是由"优质奶只能产自于本土奶"的消费认知决定的。2008—2016年,我国液态奶进口急剧增长,由0.80万t增至65.50万t,年均增长73.4%;而随着优质乳观念的不断深入,从2017年开始,液态奶进口增速放缓,2017年和2018年液态奶进口量分别为70.17万t和70.41万t,分别同比增加7.1%和0.34%,液态奶进口量的趋于饱和,表明国民对进口液态奶和"本土奶"的认识更加清晰和理性,对国产奶制品的消费信心逐渐恢复,奶制品消费结构也更加合理。

3. 婴幼儿配方奶粉进口量增速趋缓表明消费者对国产奶粉的信任逐渐恢复

在我国进口的各类奶制品中,婴幼儿配方奶粉进口额最大。2018年婴幼儿配方奶粉进口量占全国奶制品进口总量的12.31%,但进口额达到47.69亿美元,占奶制品进口总额的47.4%。值得注意的是,尽管2018年进口婴幼儿配方奶粉首次突破30万t,但同比增速明显放缓,表明国内对进口婴幼儿配方奶粉的消费需求在下降。分析原因,一方面,与"奶粉注册新政"有关,2018年是婴幼儿奶粉配方注册制落地的第一年,截至2018年年底,已有403个系列、1 195个婴幼儿奶粉配方通过注册，其中进口奶粉97个系列，占24.1%，随着行业门槛的提高，一些进口小品牌不允许进入国内市场；另一方面，更重要的是与国内消费者对国产奶粉信心提升有关，多年来国家高度重视婴幼儿配方奶粉质量安全、企业自身注重研发及产品质量，国产婴幼儿配方奶粉的品质稳步提升，国产奶粉市场份额逐年增加。睿农数据显示，2018年国产婴幼儿配方奶粉的市场占有率达到49%。可以说进口婴幼儿配方奶粉增速放缓的背后，是消费者对国产奶粉信任度的恢复和国产婴幼儿配方奶粉企业的崛起。

4. 乳清、奶酪等产品的进口在满足企业原料需求的同时，助推奶制品企业优化产品结构

由于奶制品消费习惯、消费结构等原因，国内奶酪产量特别是鲜奶酪产量极低，附属产品乳清几乎全部依赖进口。随着消费升级及消费群体的年轻化，越来越多的消费者偏爱奶酪。奶酪进口量增加的同时，奶制品企业也开始重视奶酪生产，加大对奶酪产品的研发及设备的升级，优化企业产品结构，以满足消费者的多样化需求。目前，国内已有企业拥有奶酪、特别是鲜奶酪的生产线及产品，如三元、伊利、蒙牛等。

（四）建议

1. 实现生鲜乳分级，优质优价

加快修订《食品安全国家标准　生乳》，按照理化和卫生指标将生乳进行分级，将优质奶源与一般奶源分开，最终在市场上形成差异化的奶产品，这样既可以实现优质优价，改变"好奶卖不出好价"的现状，提高奶农收益，又可以满足消费者的不同需求，保障了消费者的知情权。

2. 适当限制还原奶使用范围

加快完善奶业标准，适当限制还原奶使用范围，从源头控制原料奶粉需求。建议尽快通过并实施新的《食品安全国家标准　灭菌乳》，禁止将大包粉用于灭菌乳生产，这样国内企业对进口原料奶粉的需求会合理减弱，从源头控制进口原料奶粉的冲击，这也是保住液态奶这一行业最后堡垒的有效技术路径。

3. 继续加大饮奶知识科普宣传力度，提高消费者的理性度

继续全民倡导饮奶消费，普及"人类为什么要喝奶"

"什么是好牛奶""好奶只能产自于本土"等饮奶知识，提高公众对优质乳的认识。对进口液态奶开展基于糠氨酸、乳铁蛋白、乳果糖等指标的品质分析评价，并定期发布结果，让进口液态奶与国产液态奶站在"同一起跑线"上供消费者选择，也让消费者在权威数据的基础上理性选择、理性消费，充分保障消费者的知情权和消费福利。

4.加强节本增效，提升产业国际竞争力

以创新驱动提升奶业竞争力，围绕饲草种植、奶畜养殖、乳品加工以及质量安全管控和产业组织形式创新等方面，突破一批关键技术，加快集成示范和推广应用，强化上下游、软硬件科技成果的匹配融合，不断提高奶业科技含金量，支撑奶业发展振兴。

第二章 国产奶质量安全水平稳步提升

◆ 奶制品安全高于全国食品平均水平

◆ 主流品牌婴幼儿奶粉质量安全水平显著提高

◆ 国产奶质量安全水平与欧盟比较

◆ 存在的问题

一、奶制品安全高于全国食品平均水平

中国国家市场监督管理总局公布的数据显示，2016年国家食品安全监督抽检中合格食品249 166批次，不合格食品8 283批次，合格比例96.8%，不合格比例3.2%，与2015年持平。奶制品中合格产品3 303批次，不合格产品15批次，合格比例99.5%，不合格比例0.5%。

2017年国家食品安全监督抽检中合格食品151 769批次，不合格食品3 684批次，合格比例97.6%，不合格比例2.4%。奶制品中合格产品7 104批次，不合格产品57批次，合格比例99.2%，不合格比例0.8%。

2018年国家食品安全监督抽检中合格食品175 787批次，不合格食品4 163批次，合格比例97.67%，不合格比例2.36%。奶制品中合格产品8 180批次，不合格产品18批次，合格比例99.8%，不合格比例0.2%（表2-1）。

从数据可以看出，奶制品不合格比例依然远低于整个食品的不合格比例，是名副其实的安全食品。

2018年度，国家监督抽检质量不合格的产品，都是属于偶发性的质量问题，不具有系统性、普遍性或区域性的安全风险。分析这些不合格发生的原因，既不是工艺问题，也不是技术问题，而是对标准理解不准确所造成的问题。

表2-1 2016—2018年国内食品安全比较

项目	2016年		2017年		2018年	
	食品	奶制品	食品	奶制品	食品	奶制品
合格记录数（条）	249 166	3 303	151 769	7 104	175 787	8 180
不合格记录数（条）	8 283	15	3 684	57	4 163	18
不合格比例（％）	3.2	0.5	2.4	0.8	2.36	0.2

数据来源：国家市场监督管理总局

二、主流品牌婴幼儿奶粉质量安全水平显著提高

2018年1—11月，国家市场监管总局（本级）抽检婴

幼儿配方奶粉10次、2 546批次，合格2 540批次，合格率99.8%，不合格6个批次。2018年前三季度，全国地方局共抽检婴幼儿配方奶粉7 446批，不合格16批，合格率99.8%。

为了提升和加强婴幼儿配方奶粉的质量安全水平，进一步提高国产婴幼儿配方奶粉的国际竞争力和美誉度，中国乳制品工业协会于2018年度在全行业开展了"主流品牌婴幼儿配方奶粉质量大赛活动"。全年共抽检337批次产品，样品量1 350个，合格率100%。此结果再次证明，主流品牌婴幼儿配方奶粉质量稳定、可靠。

三、国产奶质量安全水平与欧盟比较

欧盟官方的食品与饲料快速预警系统（RASFF）2016年年度报告中，食品不合格通报2 993起，其中奶产品相关59起，占2.0%；2017年年度报告中，食品不合格通报3 403起，其中奶产品相关61起，占1.8%；2018年年度报告中，食品不合格通报3 699起，其中奶产品相关76起，占2.1%。2016年，国家市场监督管理总局发布的报告显示，我国不合格食品8 283批次，其中不合格奶产品15批次，不合格奶产仅占不合格食品的0.2%；2017年，国家市场监督管理总局发布的报告显示，我国不合格食品3 684批次，其中不合格奶产品57批次，不合格奶产品仅占不合格食品的1.5%；2018年，国家市场监督管理总局发布的报告显示，我国不合格食品4 163批次，其中不合格奶产品18批次，不合格奶产品仅占不合格食品的0.4%（表2-2）。可见，即使与国际先进水平相比，当前我国奶产品安全整体上也已经达到很高水平。

表2-2　中国与欧盟奶产品安全比较

类别	欧盟			中国		
	2016年不合格通报次数	2017年不合格通报次数	2018年不合格通报次数	2016年不合格批次	2017年不合格批次	2018年不合格批次
食品	2 993	3 403	3 699	8 283	3 684	4 163
奶产品	59	61	76	15	57	18
奶产品占比（%）	2.0	1.8	2.1	0.2	1.5	0.4

数据来源：国家市场监督管理总局和RASFF

四、存在的问题

2018年1—11月,国家市场监督管理总局(本级)共抽检奶制品9次、1 365批,合格1 364批,合格率99.9%,不合格1个批次。不合格原因是,某企业生产的纯牛奶脂肪实测值2.57g/100g,达不到标准规定值。

2018年1—11月,国家市场监督管理总局(本级)抽检婴幼儿配方奶粉10次、2 546批,合格2 540批次,合格率99.8%,不合格6个批次。不合格原因,3家企业的产品核苷酸实测值与标签标识值不符合标准规定。

2018年度,国家监督抽检质量不合格的产品,都是属于偶发性的质量问题,不具有系统性、普遍性或区域性的安全风险。分析这些不合格发生的原因,既不是工艺问题,也不是技术问题,而是对标准理解不准确所造成的问题。食品安全生产规范体系检查不合格的原因,不是生产规范体系制度建立与设置出了问题,而是对体系、制度、规范的执行缺乏足够的认识和尊重,执行不认真、不到位,有的可以说是在应付事,存在着质量安全风险隐患。

第三章 牛奶安全评估研究

- ◆ 生鲜乳兽药残留评估
- ◆ 生鲜乳菌落总数评估
- ◆ 生鲜乳体细胞数风险评估
- ◆ 生乳中脂肪、蛋白质评估

一、生鲜乳兽药残留评估

生鲜乳的兽药残留是奶牛养殖、食品安全以及人类健康长期面对的严峻问题。开展有计划性、针对性和目标性的生鲜乳中兽药残留风险监测和评估是防控重大乳品安全事件发生的有效手段。对中国奶业来说，提高国产奶中的兽药残留安全性，无疑将进一步提升公众消费信心。发达国家如美国、澳大利亚和新西兰等已经建立了完善的兽药残留监测和防控体系，对于保障本国奶业的持续健康发展起到了积极的作用。我国自2013年以来，农村农业部专门设立了国家奶产品质量安全风险评估重大专项，对我国生鲜乳质量安全开展持续性风险评估。

近5年风险评估数据表明，我国生鲜乳的兽药残留一直处于较低水平，并且呈现逐年降低的良性发展趋势。为进一步保障生鲜乳中兽药残留安全，2018年农业农村部奶产品质量安全风险评估实验室（北京）继续组织全国奶产品风险评估团队对我国5个省（区、市）生鲜乳中8大类59种兽药残留状况进行了风险评估（表3-1）。评估过程严格按照《农业农村部生鲜奶质量安全监测工作规范》和《生鲜奶抽样方法》进行，共抽取牧场奶罐车生鲜奶样品471批次。风险评估验证结果表明，全部在国家标准限量值以下，其中470（99.8%）批次样品未检出任何兽药，仅1（0.21%）例样品中检出磺胺嘧啶，含量为2.81μg/kg，远低于国家规定的最大残留限量值（100μg/kg）。

与国际主要乳品贸易国家比较来看，澳大利亚《牛奶残留分析年度报告》（2017—2018年度）显示，对680批生鲜乳样品中11类35种兽药进行残留分析，发现1例样品中检出伊维菌素残留，没有药物残留超出澳大利亚国家标准；美国《国家牛奶药物残留年度报告》（2018年）显示，对4 042 300批牛奶样品中5类兽药进行残留分析，共检出584批（578批β-内酰胺和6批四环素）兽药残留阳性样品，其中奶罐运输车生鲜乳中检出364（0.01%）批次，牧场生鲜乳中检出210（0.059%）批次；新西兰《乳品中化学污染物残留年度报告》显示，全年199批次奶制品中未检出任何兽药残留。

可见，2018年度我国生鲜乳中兽药残留处于整体安全水平，与世界发达国家生鲜乳质量安全不相上下。下一步，农业农村部奶产品质量安全风险评估实验室（北京）将继续学习发达国家的兽药残留监管先进经验，持续开展我国生鲜乳及奶制品中兽药残留风险评估，为进一步提升我国奶制品质量安全提供科学依据。

表3-1 生鲜乳中8大类59种兽药残留的风险评估目录

抗生素类别	抗生素种数	抗生素名称
β-内酰胺类	15	阿莫西林、氨苄西林、头孢乙腈、头孢氨苄、头孢洛宁、头孢唑林、头孢哌酮、头孢喹肟、头孢噻呋及其代谢物、头孢呋辛、头孢匹林、氯唑西林、双氯青霉素、苯唑西林、青霉素G
磺胺类	15	乙酰磺胺、磺胺氯哒嗪、磺胺嘧啶、磺胺二甲氧嗪、磺胺多辛、磺胺乙氧嗪、磺胺甲嘧啶、磺胺二甲嘧啶、磺胺甲二唑、磺胺甲噁唑、磺胺甲氧嗪、磺胺吡啶、磺胺喹噁啉、磺胺噻唑、磺胺甲基异噁唑
喹诺酮类	11	环丙沙星、达氟沙星、恩诺沙星、氟甲喹、洛美沙星、麻保沙星、萘啶酮酸钠盐、氧氟沙星、诺氟沙星、培氟沙星、奥比沙星
四环素类	4	金霉素、多西环素、土霉素、四环素

（续表）

抗生素类别	抗生素种数	抗生素名称
酰胺醇类	3	氯霉素、氟苯尼考、甲砜霉素
大环内酯类	4	红霉素、螺旋霉素、替米考星、泰乐菌素
林可胺类	2	林可霉素、吡利霉素
氨基糖苷类	5	庆大霉素、新霉素、链霉素、卡那霉素、大观霉素

二、生鲜乳菌落总数评估

菌落总数（Total bacterial count，TBC）是指每毫升奶中含有的细菌个数，是生鲜乳质量安全的一项重要指标。该指标能反映奶牛场卫生环境、挤奶操作环境、牛奶保存和运输等状况。生鲜乳中菌落总数过高，不仅会引起牛奶变味，而且可能造成奶产品中细菌超标，危害牛奶质量安全，影响公众健康。

（一）生鲜乳中菌落总数的国内外限量标准

从1977年至今，连续5版相关国家标准均对生鲜乳中菌落总数的限量值进行明确规定（表3-2）。世界各国根据自身国情及乳品安全需求，也对生鲜乳中菌落总数进行了限量规定（表3-3）。

表3-2　我国生乳国家标准历次版本中的菌落总数限量值

标准	限量
GBn 33-77	供消毒牛奶及其他淡炼奶用：≤50万个/mL
	供加工其他奶制品用：≤1 000万个/mL
GB 5408-85	特级：≤50万个/mL
	一级：≤100万个/mL
	二级：≤200万个/mL
GB/T 6914-86	Ⅰ：≤50万个/mL
	Ⅱ：≤100万个/mL

（续表）

标准	限量
GB/T 6914-86	Ⅲ：≤200万个/mL Ⅳ：≤400万个/mL
GB 19301—2003	≤50万CFU/g
GB 19301—2010	≤200万CFU/g（mL）

表3-3 不同国家生乳标准中菌落总数限量值

国家/地区	限量值	参考文献
美国	≤50万CFU/mL	Code of Federal Regulations，2019
加拿大	生牛乳≤5万CFU/mL 生羊乳≤5万CFU/mL	National Dairy Code，2015
欧盟	生牛乳≤10万个/mL 其他动物≤150万个/mL	EU. Regulation（EC）No 853/2004.
澳新	≤2.5万CFU/mL	Australia New Zealand Food Standards Code，2015
中国	≤200万CFU/g（mL）	GB 19301—2010

（二）我国生鲜乳中菌落总数质量安全水平大幅提升

2018年，农业农村部奶产品质量安全风险评估实验室（北京）组织全国奶产品风险评估团队对我国5个省（区、市）生鲜乳中的菌落总数状况进行了风险评估。共计抽取471批次生鲜乳样品，取样对象为牧场奶罐中经搅拌均匀的生鲜乳。取样方法严格按照《农业部生鲜奶质量安全监测工作规范》和《生鲜奶抽样方法》进行抽样，抽样后及时冷链运输至检测单位。

风险评估结果显示：我国5个省（区、市）生鲜乳中的菌落总数平均值为18.20万CFU/mL，与2017年相比降低了41.9%（图3-1），远低于现行国家标准；菌落总数≤10万CFU/mL（达到美国优质乳标准）的样品占比最高，达到56.5%，菌落总数≤50万CFU/mL的样品占比达到92.8%。该结果表明我国奶牛养殖环境和奶牛健康状况显著改善，生鲜乳中菌落总数质量安全水平大幅提升。

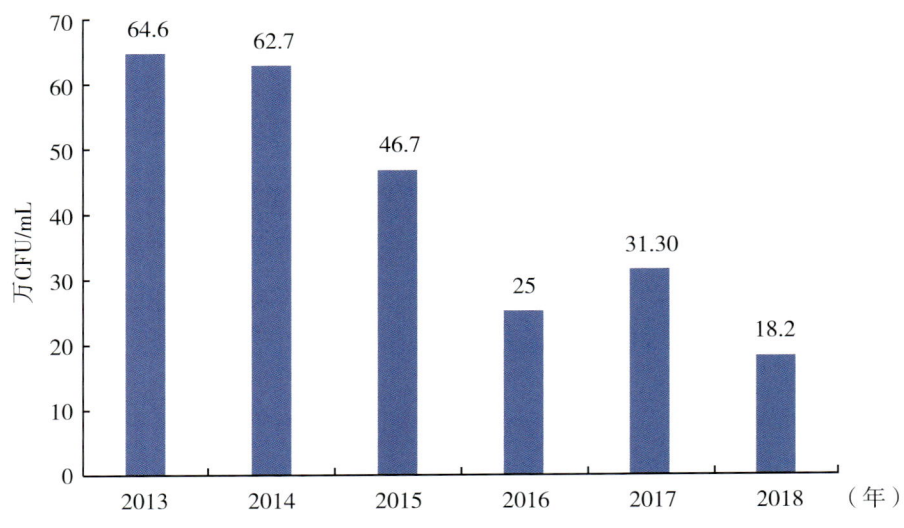

图3-1 2013—2018年我国生鲜乳中菌落总数平均值
数据来源：农业农村部

（三）牛场因素和季节是影响生鲜乳中菌落总数的重要因素

农业农村部奶产品质量安全风险评估实验室（北京）对我国北方地区80个牛场中生鲜乳菌落总数水平及其影响因素进行研究。结果发现，生鲜乳中菌落总数43.75%，已达到发达国家生鲜乳标准；牛场因素和季节对生鲜乳中菌落总数的影响较大，但是地区、挤奶设备清洗频率、是否加入DHI、挤奶频率和牛场规模都不是影响生鲜乳中菌落总数的最主要因素（图3-2）。因此，需要进一步研究牛场其他因素与生鲜乳中菌落总数的相关性，寻找最主要的影响因素。

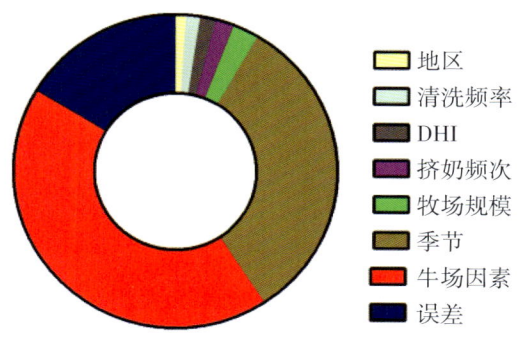

图3-2　不同影响因素与生鲜乳中菌落总数的相关性

三、生鲜乳体细胞数风险评估

体细胞数（Somatic cell count，SCC）是指每毫升乳中体细胞的个数，是衡量奶畜健康、乳品质量与安全和国际判定隐形乳房炎的一项重要指标。该指标能反映奶牛场卫生环境、挤奶操作环境、奶牛乳房炎等状况。生鲜乳中体细胞数过高，往往乳成分会发生改变，并且影响牛奶风味及缩短奶制品货架期，此外乳中抗生素和药物残留的风险增加，危害牛奶质量安全。

（一）生鲜乳体细胞数的国内外限量标准

世界各国根据乳品安全需求及奶业发展状况，都对生鲜乳中体细胞数进行了限量规定，德国和中国台湾还使用体细胞数对生鲜乳品质进行分级（表3-4）。从1977年至今，连续5版相关食品安全国家标准均未对生乳中体细胞数制定限量值。虽然我国食品安全国家标准暂未对生乳体细胞数规定限量，但国内团体和地方标准，对体细胞数规定了限量（表3-5）。正在修订的《食品安全国家标准　生乳》（GB 19301）已将体细胞数作为修订的指标之一，在我国奶业从安全向优质转型的关键时期，增加生乳中体细胞数限量标准，对进一步提升我国生乳质量和安全具有重要意义。

表3-4　不同国家对生乳中体细胞数的限量值

国家/地区	限量值（万个/mL）	参考文献
美国	CFR（强制）：牛奶：≤75； 山羊奶：≤150 PMO（非强制）：≤75	CFR：Title 7 Agriculture PART 58 Grade "A" Pasteurizaion Milk Ordinance
印度	≤75	Indiana Administraive Code
欧盟	≤40	（EC）No 853/2004
新西兰	≤40	DPC2：Animal Products（Dairy）Approved Criteria for Farm Dairies

（续表）

国家/地区	限量值（万个/mL）	参考文献
北爱尔兰	≤40	Food Law Practice Guidance
加拿大	牛奶：≤40；山羊奶：≤150	National Dairy Code Production and Processing Requirements. 7th ed（Part I）
德国	S级：≤30 1级、2级：≤40	Verordnung über die Güteprüfung und Bezahlung der Anlieferungsmilch
中国台湾	牛奶：A级≤30； B级>30；≤50； C级>50；≤80； D级>80；≤100	CNS 3055生乳

表3-5 我国生乳标准中的体细胞数限量值

标准	限量（个/mL）
GB 19301（征求意见稿）	≤70万
DB64/T 1263—2016	特优品：≤20万；优等品：≤40万；一等品：≤60万；合格品：≤75万
T/HLJNY 001—2016	特级：≤30万；一级：>30万～≤40万；二级：>40万～≤50万
T/DAC 003—2017	≤50万

（二）我国生鲜牛乳中体细胞数逐年下降，质量安全水平显著提升

2018年，农业农村部奶产品质量安全风险评估实验室（北京）组织全国奶产品风险评估团队对我国5个省（区、市）生鲜牛乳中的体细胞数状况进行了风险评估。共计抽取测定446批次生鲜乳样品体细胞数，取样对象为牧场奶罐中经搅拌均匀的生鲜牛乳，取样后及时冷链运输至检测单位。

风险评估结果显示，2018年我国5个省（区、市）生鲜牛乳风险评估结果表明，体细胞数平均值为26.0万个/mL，且逐年降低，相比2013年，降低了88.5%（图3-3）。

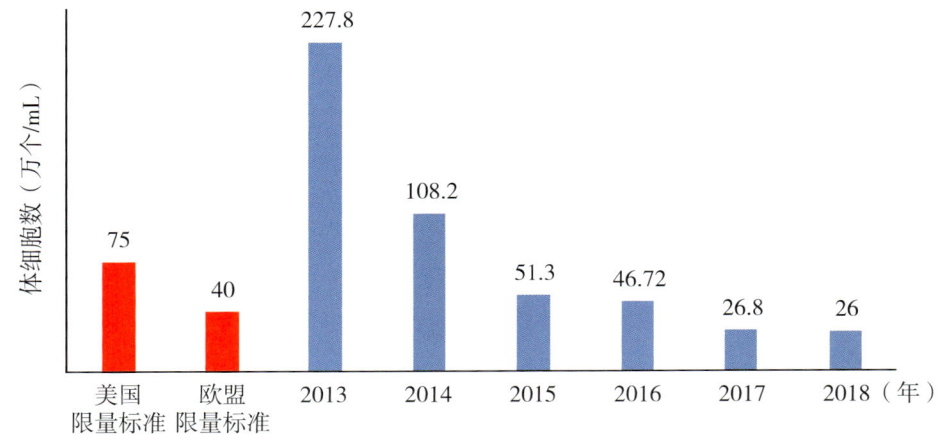

图3-3 近六年我国生鲜乳中体细胞数平均值变化

分段统计结果显示，2016年起，我国生鲜乳中体细胞数状况逐年提升，低于美国和欧盟标准。2018年，体细胞数低于美国优质乳限量标准的样品占比98.87%，低于欧盟标准的比例为90.36%，与2016年和2017年相比，比例逐年升高（表3-6）。该结果表明我国奶牛养殖环境和奶牛健康状况显著改善，生鲜乳中体细胞数呈显著下降趋势，质量安全水平大幅提升。

表3-6 2016—2018年生牛乳体细胞分段统计

年份	样本量	体细胞数分段统计（%）				
		≤40万	≤70万	≤75万	≤100万	>100万
2016	6 802	62.88	80.61	81.68	86.81	13.77
2017	11 186	75.72	92.11	93.31	96.81	3.19
2018	448	90.36	98.43	98.88	99.55	0.45

（三）影响生鲜乳体细胞数的重要因素

1. 乳房炎

2018年，采集我国5个省（区、市）421批次乳房炎牛奶样品,乳房炎牛奶体细胞数平均值为237.4万个/mL,健康牛奶体细胞数平均值为26.0万个/mL,风险评估结果表明乳房炎是影响体细胞数最重要的因素(图3-4)。

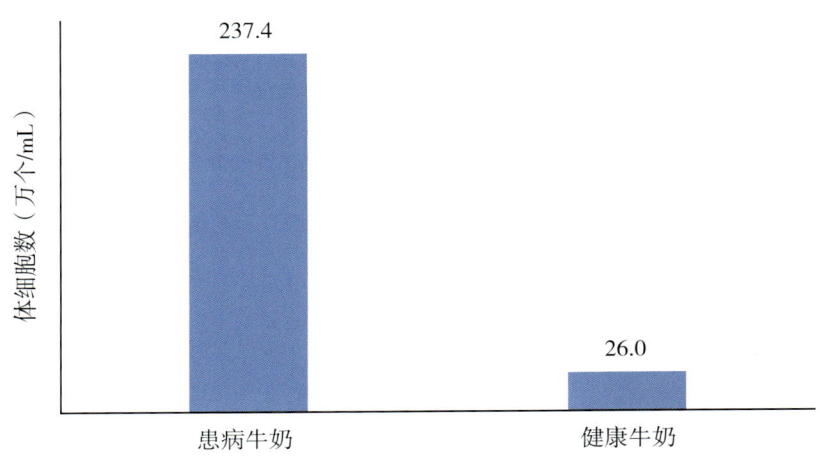

图3-4 乳房炎牛奶与健康牛奶中体细胞数比较分析

2.胎次和泌乳期

2018年采集4个省市541批次生鲜牛乳样品。评价不同胎次和泌乳期对体细胞数的影响。

结果显示,生鲜牛奶样品体细胞数,泌乳中期(37.49万个/mL)>泌乳晚期(29.14万个/mL)>泌乳早期(16.33万个/mL)。综合分析结果表明不同泌乳期的体细胞数,泌乳中期体细胞数较泌乳早期和泌乳晚期大,主要是由于泌乳早期奶牛健康状况良好(图3-5)。

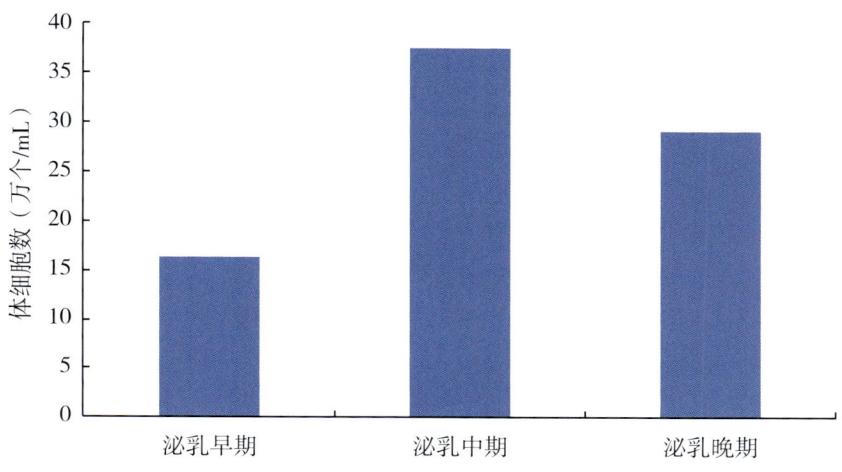

图3-5 不同泌乳期体细胞数

生鲜牛奶样品体细胞数，三胎次（37.36万个/mL）>一胎次（19.67万个/mL）。结果反映出三胎次的奶牛的健康状况较一胎次差一些（图3-6）。

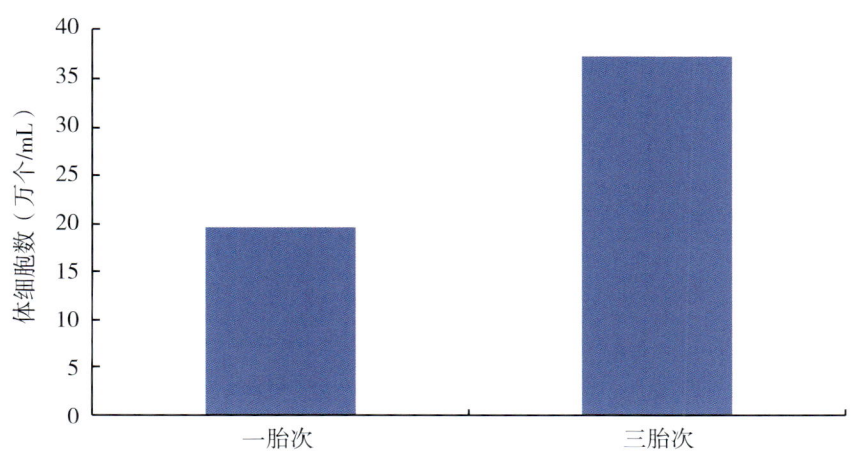

图3-6 全年不同胎次体细胞数

乳房炎、胎次和泌乳期对生鲜乳中体细胞数的影响较大，但是阴性乳房炎、奶牛环境卫生、牛体洁净度、挤奶前乳头消毒方式及挤奶次数和产奶量对生鲜牛奶体细胞数的影响因素，需要进一步研究，以期将影响因素大小进行排序，对关键因素进行控制从而降低体细胞数。

四、生乳中脂肪、蛋白质评估

脂肪、蛋白质都是奶的主要成分，都是反映牛奶营养品质的重要指标。在国际上，生鲜乳达到优质的基本参数是蛋白质含量不低于2.8g/100g，我国的限量标准为2.8g/100g。目前，我国生鲜乳中脂肪的限量标准为3.1g/100g。

（一）生鲜乳中脂肪、蛋白质的国外限量标准

国际上，各个国家对生鲜乳中蛋白质和脂肪的限量规定不尽相同，具体情况详见表3-7。

表3-7 不同国家和地区生乳标准中脂肪、蛋白质的限量值

国家/地区	脂肪限量值（%）	蛋白质限量值（%）
德国	4.0	3.4
澳大利亚	4.5	3.5
中国台湾	3.0	/
中国	3.1	2.8

（二）我国生鲜乳中脂肪、蛋白质评估结果

自2010年生乳国标颁布实施以来，有关于"我国新标准倒退25年""我国原奶低于发达国家"等言论一直争执不休。自2013年，农业农村部奶产品质量安全风险评估实验室（北京）组织全国奶产品风险评估团队对我国奶业主产区生鲜乳中蛋白质和脂肪含量进行风险评估，掌握我国生鲜乳中蛋白质和脂肪含量的基本情况。

1. 脂肪

2013—2018年，全国奶产品质量安全风险评估重大专

项共采集3 273批次样品进行脂肪指标评估分析。脂肪平均值分别为3.65g/100g、3.76g/100g、3.95g/100g、3.67g/100g、3.74g/100g和3.72g/100g，均远高于我国3.1g/100g的限量标准，也高于美国3.5g/100g的限量标准（图3-7）。

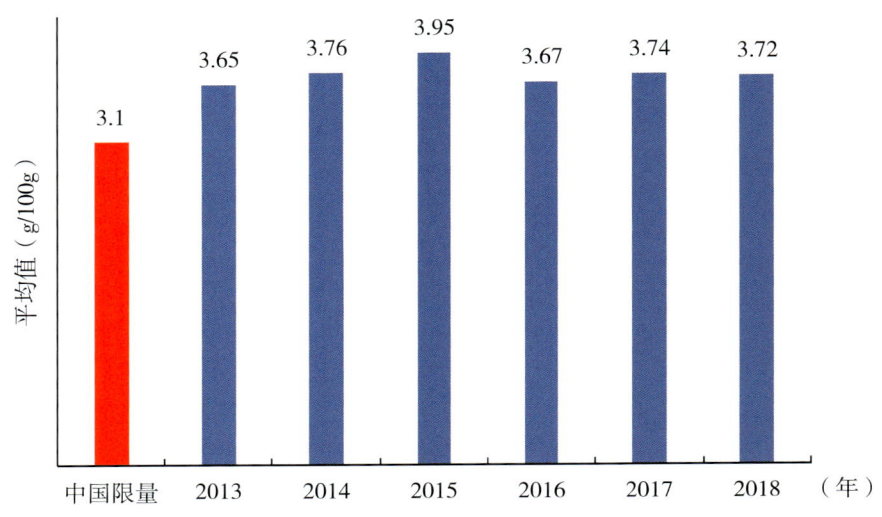

图3-7　2013—2018年生鲜乳样品中脂肪平均值

2. 蛋白质

2013—2018年，全国奶产品质量安全风险评估重大专项共采集3 274批次样品进行蛋白质指标评估分析。蛋白质平均值分别为3.20g/100g、3.19g/100g、3.22g/100g、3.15g/100g、3.24g/100g和3.25g/100g，均远高于我国2.8g/100g的限量标准，也高于美国3.1g/100g的限量标准（图3-8）。

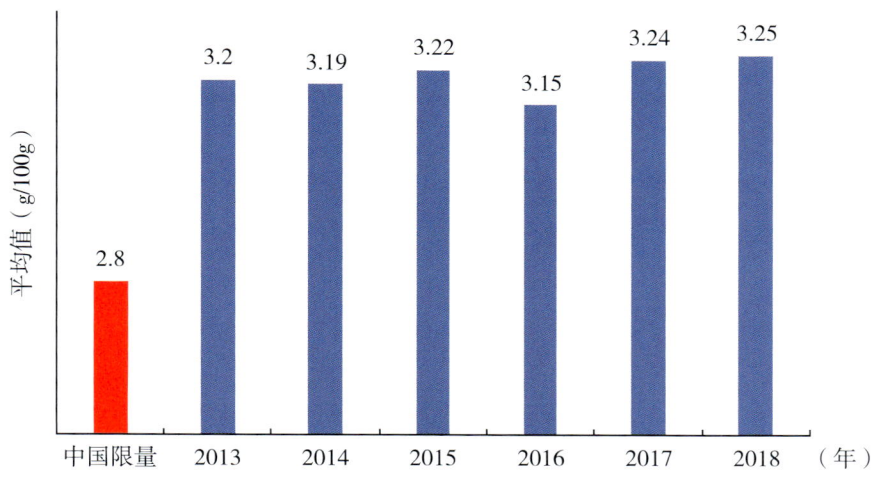

图3-8　2013—2018年生鲜乳样品中蛋白质平均值

（三）结论与建议

评估结果显示，我国生鲜乳脂肪和蛋白含量在逐步提升。但由于我国地域辽阔，气候环境各地区变化很大，应该充分认识由于环境和饲养管理水平的不同引起的乳脂肪和乳蛋白含量的差异，并积累原始数据，为奶制品企业合理布局和制定差异化的生鲜乳标准积累资料。

第四章　乳中活性蛋白功能评价

- 乳铁蛋白

- 乳铁蛋白保护DNA损伤及相关机制

- 乳铁蛋白抗肿瘤作用及相关机制

- 乳铁蛋白保护心脑血管及相关机制

一、乳铁蛋白

乳铁蛋白（Lactoferrin，LF）是乳汁中一种重要的铁结合糖蛋白，属于转铁蛋白家族，其分子量为80kDa，主要由乳腺上皮细胞表达和分泌，由Blanc等在1960年从人奶和牛奶中分离并正式命名。乳铁蛋白是与铁离子结合形成的复合蛋白，因此呈现出红色。乳铁蛋白为单一的亚基结构，由左右对称的两个"球状叶"组成，分别为氨基端叶（N-端，氨基酸序列1-332）和羧基端叶（C-端，氨基酸序列344-703），α-螺旋和β-折叠结构构成两叶的功能结构域，两叶中分别有一个铁离子结合位点（图4-1）。根据铁的结合量，又可将乳铁蛋白分为"铁饱和型""铁不饱和型"形式，而含铁量的不同，则往往会影响乳铁蛋白的三维空间结构、热稳定性及其生物功能。

乳铁蛋白存在于大多数哺乳动物的初乳、乳汁中（牛初乳中1~2mg/mL，牛常乳中0.1~0.4mg/mL）。牛乳铁蛋白与人乳铁蛋白的氨基酸序列同源性可达70%。乳铁蛋白被认为是一种重要的宿主防御分子，当机体受外界病菌感染时，体内的乳铁蛋白含量会显著上升。此外，它具有其他多种生物学活性功能，如抗氧化、抗炎、抗癌和免疫调节等功能（图4-2、表4-1）。

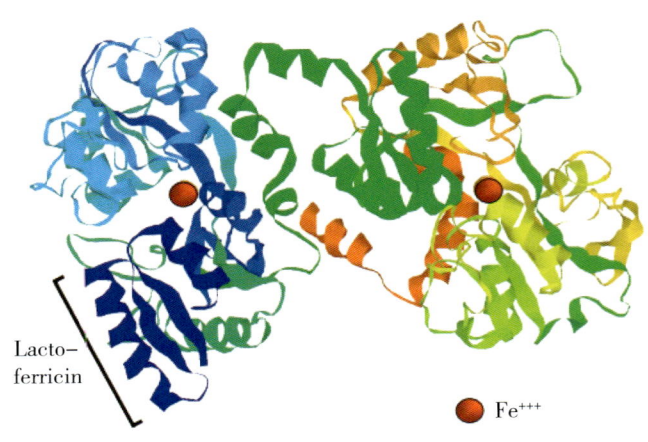

图4-1　乳铁蛋白的三维结构

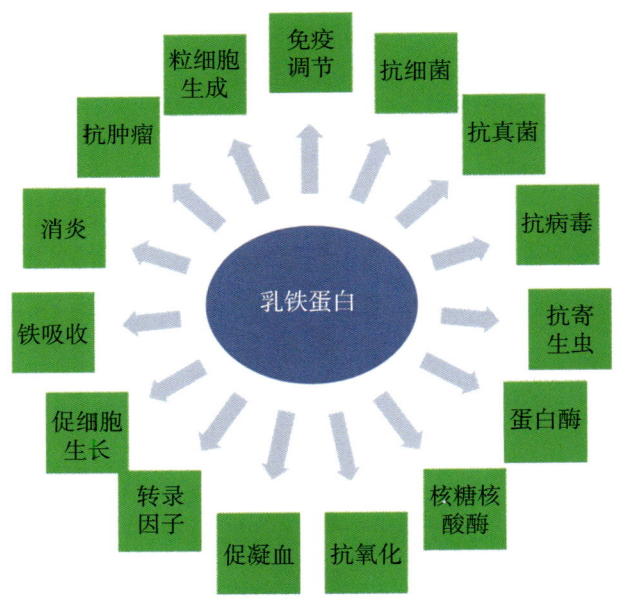

图4-2　乳铁蛋白的活性功能

表4-1 乳铁蛋白的部分功能（体内动物试验）

动物种类	剂量	方式	时间	效果
LPS诱导的炎症型大鼠	牛源乳铁蛋白（10mg/kg）	灌胃	18h	炎症下降（炎症因子TNF-α、IL-6下调）；缓解LPS引发的脏器损伤
自发性高血压大鼠（SHR）	乳铁蛋白衍生肽（10mg/kg）	灌胃	1~24h	通过抑制血管紧张素转化酶从而缓解高血压
诱发型高血压大鼠	牛源乳铁蛋白（30~300mg/kg）	灌胃	2周	高血压下降
大鼠	牛源乳铁蛋白（38.4~1 280nmol/kg）	静脉注射	急性给药	通过激活eNOS而降低高血压
自发性高血压大鼠（SHR）	乳铁蛋白衍生肽（10mg/kg）	灌胃	1~24h	通过抑制血管紧张素转化酶从而缓解高血压

（续表）

动物种类	剂量	方式	时间	效果
自发性高血压大鼠（SHR）	乳铁蛋白衍生肽（200mg/kg）	灌胃	1~24h	通过抑制血管紧张素转化酶和内皮素转化酶从而缓解高血压
自发性高血压大鼠（SHR）和京都大鼠（WKY）	乳铁蛋白衍生肽[1pmol~1nmol/(mL·kg)]	静脉注射	0~2h	通过抑制血管紧张素转化酶从而缓解高血压
小鼠	牛源乳铁蛋白（50~200μg/mL）	静脉注射	1.5h	减少肝脏乳糜残留
炎症型小鼠	牛源乳铁蛋白（2.5~10mg/只）	腹腔注射	24h	炎症下降（炎症因子IL-1β、TNF-α下调）；缓解氧化应激；NF-κB下调

(续表)

动物种类	剂量	方式	时间	效果
ICR小鼠	牛源乳铁蛋白（100mg）	灌胃	4周	血脂下调；肝脂下调
ICR小鼠	牛源乳铁蛋白（10ng/kg日粮）	饲粮添加	4周	血脂下调；肝脂下调；血游离脂肪酸下调
荷斯坦奶牛（经注射LPS）	牛源乳铁蛋白（1~3g/d）	口服	10d	炎症下降（炎症因子IL-1β、TNF-α、IL-6下调）；血脂下调；脂肪酸下调；极低密度脂蛋白，高密度脂蛋白下调
小鼠	牛源乳铁蛋白（190mL/kg）	口服	50d	抑制肥胖；脂肪组织（内脏脂肪和腹脂）减少；血糖降低

乳铁蛋白具备诸多的活性功能，被公认是一种极具研究和开发前景的乳蛋白。同时，关于乳铁蛋白在食品或药物中的安全性评价也在深入开展。以牛源乳铁蛋白为例，牛奶中的乳铁蛋白是无害的，从未有关于牛奶中乳铁蛋白引发的负面报道。关于人工提纯的乳铁蛋白，采用"回复突变试验"以及"口服剂量毒性试验（4周连续灌胃大鼠，2mg/kg体重）"，也未有任何毒性征兆。临床试验表明，慢性丙型肝炎患者口服高剂量的乳铁蛋白（7.2g/d）未有不良反应。基于种种试验证实，美国食品药品监督管理局（FDA）认为牛源性乳铁蛋白是一种安全的营养食品补充剂（GRAS，Generally Recognized As Safe）。目前，乳铁蛋白的应用包括但不限于以下几个大类：婴幼儿配方和孕妇的营养补充剂或免疫调制剂，以增强免疫抵抗和铁吸收；肠道菌群调节剂，抑制有害菌的同时刺激肠道益生菌生长；抗氧化剂和天然防腐剂，保护食品的安全性、延长食品的保质期。实际上，目前对于乳铁蛋白的功效，尤其是机理的解析还远远不够，可以说是冰山一角。随着未来对乳铁蛋白研究的不断深入，更加有效地提取或合成乳铁蛋白将成为研发趋势，同时乳铁蛋白在治疗、保健等方面的价值将进一步被发现，兼具发挥药食同源的综合作用。

需强调的是，乳铁蛋白对"热"较为敏感，即在高温处理后，乳铁蛋白易发生不可逆变性，从自然态转变为凝胶态，而丧失原有活性。乳铁蛋白的热稳定性受pH值、铁含量及其所在环境体系等多方面因素的影响。从表4-2可知，乳铁蛋白的铁离子结合力随着不同热加工强度而降低。因此，在奶制品或相关食品的不同加工方式中，尽可能保留乳铁蛋白的天然活性是非常重要的研究方向和应用领域。

表4-2 热加工影响乳铁蛋白的铁结合力

加工方式	mol 铁/mol 人乳铁蛋白
天然态	2.00 ± 0.32
72℃/20s	1.52 ± 0.31
72℃/60s	1.56 ± 0.24
85℃/20min	0.95 ± 0.20
135℃/8s	1.65 ± 0.42
135℃/60s	1.55 ± 0.29

二、乳铁蛋白保护DNA损伤及相关机制

DNA损伤是指机体内或环境中物理的或化学的因素引起的细胞DNA结构的改变。DNA损伤会造成遗传物质结构的改变进而阻滞DNA复制,从而阻碍细胞的运行。导致DNA损伤的外界因素有很多(紫外辐射、过氧化体、烷化剂等),同时体内往往也有相对应的DNA损伤修复机制。当细胞不足以修复DNA损伤,那么细胞就会凋亡或者坏死。DNA损伤是一把双刃剑,对肿瘤细胞的DNA损伤是一种机体的自我保护,而对正常细胞的DNA损伤则是一种机体伤害。

黄曲霉毒素(Aflatoxin,AF)是黄曲霉属真菌产生的毒性次生代谢产物,AFB_1和AFM_1分别主要来源于不合格或受污染的谷类食品和奶制品。体外实验表明,AFB_1和AFM_1具有细胞毒性,可促进细胞释放活性氧、造成DNA的损伤,这种毒性作用部分源于霉菌毒素对细胞的氧化应激损伤。因此,如何抑制霉菌毒素造成的DNA损伤、保护细胞活性,具有重要的研究意义。基于乳铁蛋白的抗氧化及多种生物学活性,奶制品质量安全风险评估实验室(北京)验证了乳铁蛋

白对霉菌毒素引发的DNA损伤的保护作用,并对其机制进行了探讨(Zheng等,2018)。

(一)乳铁蛋白减轻AFB$_1$或AFM$_1$诱导的细胞活力降低

采用肠源Caco-2细胞、肾源HEK-293细胞、肝源HepG-2细胞、神经源SK-N-SH细胞作为模型,分别检测AFB$_1$、AFM$_1$对细胞活力的影响。结果发现(图4-3),单独用AFB$_1$或AFM$_1$处理显著降低了这4种细胞系的活力,但当使用乳铁蛋白与毒素共培养时,可以一定程度恢复细胞的活力,表明乳铁蛋白可保护细胞的生长。

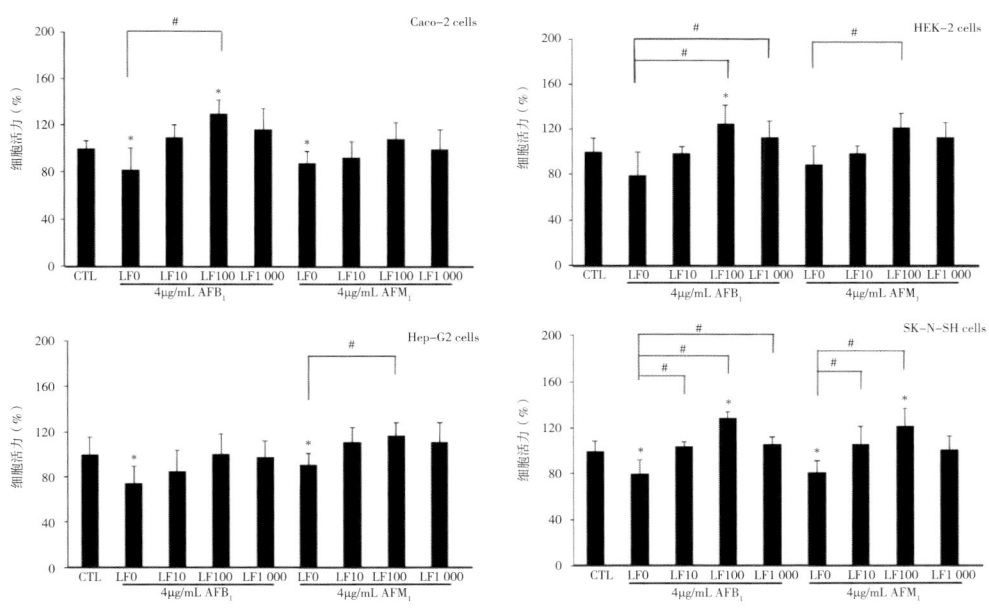

图4-3 乳铁蛋白缓解霉菌毒素引发的细胞活力下降

（二）LF减弱AFB$_1$和AFM$_1$诱导的乳酸脱氢酶（LDH）释放

LDH是一种细胞溶质酶，为细胞毒性和细胞溶解的指示物；当细胞膜受损时，该生物标志物被释放到培养基中。如图4-4所示，毒素处理使Caco-2、HEK-293、Hep-G2和SK-N-SH细胞的LDH释放增加，表明AFB$_1$和AFM$_1$能够造成细胞膜损伤。而乳铁蛋白则可以不同程度缓解这种趋势。

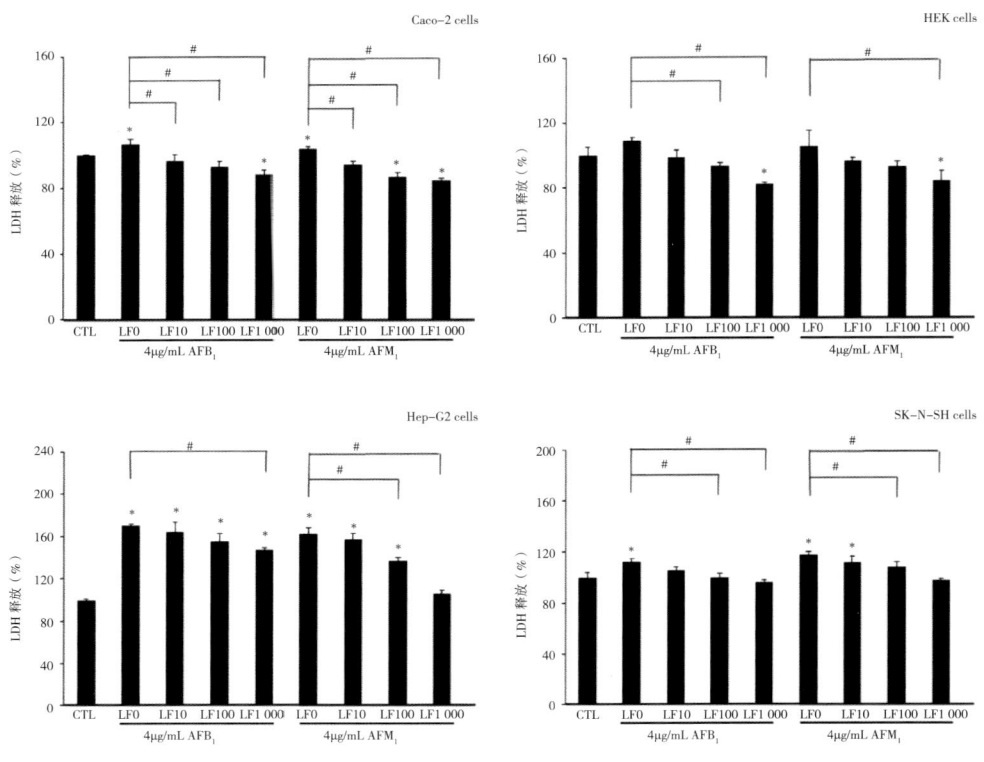

图4-4　乳铁蛋白缓解毒素引发的LDH释放

（三）LF可缓解AFB_1和AFM_1诱导的DNA损伤

"彗星试验"是检测单个细胞中DNA链断裂的灵敏方法。通过计算每个样本的100个彗星图像，将AFB_1或AFM_1处理的细胞组和乳铁蛋白干预组与对照组进行比较。图4-5显示了每组Caco-2、HEK、Hep-G2和SK-N-SH细胞DNA的典型显微照片。正如预期的那样，在暴露于AFB_1或AFM_1后，所有细胞都会发生DNA损伤并显示出"彗尾"。此外，AFB_1在所有四种细胞系中引起比AFM_1更严重的DNA迁移。然而，在所有细胞系中，不同浓度的乳铁蛋白降低了DNA损伤的程度，1 000μg/mL乳铁蛋白将DNA损伤降低到几乎正常的水平，特别是在HEK和SK-N-SH细胞中。在Caco-2和Hep-G2细胞中，与仅用AFB_1或AFM_1处理相比，1 000μg/mL乳铁蛋白使DNA损伤降低了近50%。因此，乳铁蛋白显著减弱了AFB_1和AFM_1的基因毒性。

以上试验结果均有力证明了AFB_1和AFM_1具有抑制肠道、肝脏、肾脏及神经细胞活力，造成细胞膜损伤及DNA损伤的毒性效果，乳铁蛋白具有保护细胞免受AFB_1和AFM_1上述毒性的作用。

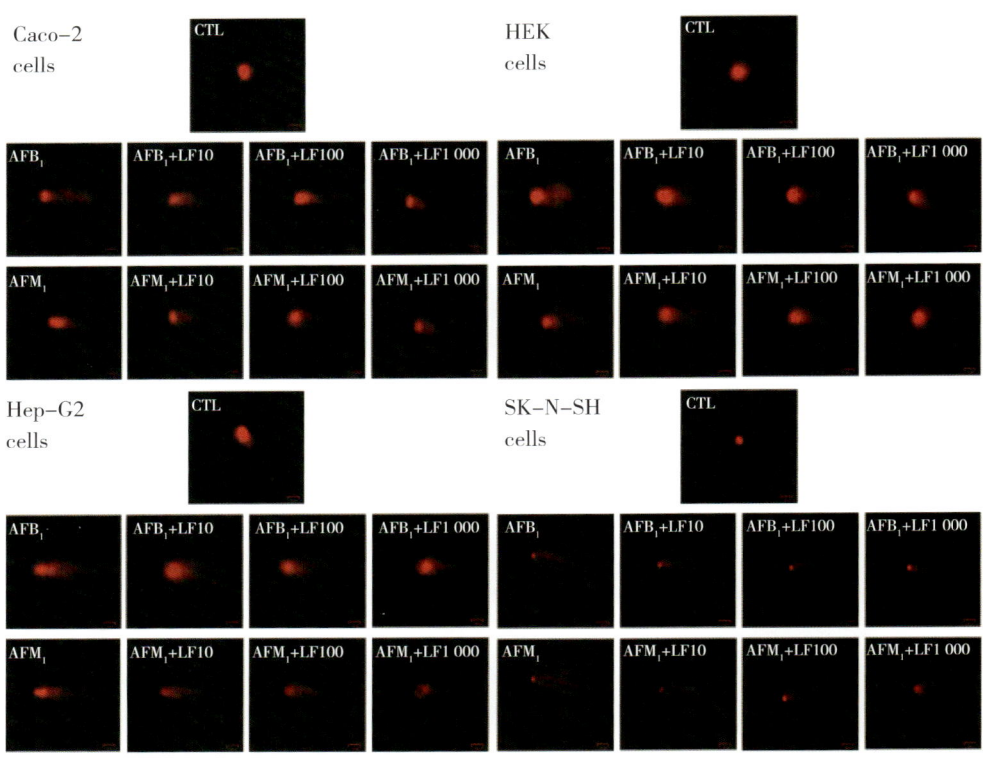

图4-5 乳铁蛋白缓解毒素引发的DNA损伤

三、乳铁蛋白抗肿瘤作用及相关机制

肿瘤指生物机体局部组织细胞增生所形成的新生物（也称赘生物），多呈占位性块状突起，分为良性肿瘤和恶性肿瘤两大类。在医学上，癌一般指起源于上皮组织的恶性肿瘤，一般人们所说的"癌症"习惯上泛指所有的恶性肿瘤。

癌症的典型生物学特征包括细胞分化和增殖异常、生长失去控制、浸润性和转移性等，其发生过程复杂，通常与吸烟、感染、职业暴露、环境污染、不合理膳食、遗传等因素密切相关。人们谈癌色变，是因为癌症在发生早期不易被发觉、治愈率低和死亡率高等特点。大数据显示，按发病例数（发病率）排位，肺癌位居全球发病首位，每年发病约78.1万人，其后依次为胃癌、结直肠癌、肝癌和乳腺癌（Bray等，2018）。按性别区分，肺癌和乳腺癌分别位居男性、女性发病的第1位（Bray等，2018）。按癌症死亡率排序，前6位依次为肺癌（18.4%，占癌症总死亡率）、乳腺癌（11.6%）、前列腺癌（7.1%）、结肠癌（9.2%）、胃癌（8.2%）和肝癌（8.2%）（Bray等，2018）。

生物学研究发现，乳铁蛋白可以抑制多种肿瘤细胞的生长和分化，抑制恶性实体肿瘤的生长和转移。乳铁蛋白抗肿瘤的主要机制如下：①破坏肿瘤细胞膜，导致肿瘤细胞死亡；②诱导肿瘤细胞凋亡，从而减少肿瘤细胞存活数目和侵噬能力；③阻断细胞周期，从而阻断肿瘤细胞增殖；④促进正常细胞免疫反应，以抵抗肿瘤细胞的入侵。

体内兔子肿瘤模型实验研究发现，BLf（牛乳铁蛋白）对初期的结肠癌、食道癌、肺癌和膀胱癌具有显著抑制作用

(Wakabayashi等,2006)。李洪波等(2010)也对LF与肿瘤的关系研究作了综述,阐明LF能够有效抑制多种肿瘤。Sakai等(1999)研究表明,胃蛋白酶消化的牛乳铁蛋白可以通过激活肿瘤细胞里c-Jun氨基末端激酶/应激活化蛋白激酶介导口腔癌细胞凋亡,从而抑制口腔鳞癌细胞的生长、抑制癌细胞增殖。Kuhara等(2000)构建了结肠癌CT26细胞在肺部的侵染模型,对牛乳铁蛋白及水解产物对结肠癌CT26细胞的影响进行了研究,发现牛乳铁蛋白对结肠癌细胞的迁移具有显著抑制作用。小鼠口服乳铁蛋白可以增加其脾脏和外周血中$CD4^+$细胞、$CD8^+$细胞和去唾液酸的$GM1^+$细胞含量,提示乳铁蛋白可以上调免疫细胞数量,从而增强生物机体免疫力,同时在小肠中,$CD4^+$和$CD8^+$上皮细胞含量显著增加,同时IL-18含量也增加,表明口服乳铁蛋白及胃蛋白酶水解产物可能通过上调肠上皮细胞中IL-18的表达水平而增强细胞免疫能力,进而抑制肿瘤细胞的迁移(Kuhara等,2000;Shi和Li,2014)。在结肠黏膜癌细胞系和头颈部癌细胞系中,乳铁蛋白可以改变程序性细胞死亡相关基因的表达,从而对结肠癌细胞和头颈部癌细胞的存活和转移发挥抑制作用(Fujita等,2004;Wolf,2005)。乳铁蛋白不仅可以抑制肠癌,对食道癌的发生、发展和转移也有显著抑制作用(Ushida等,1999;Tsuda等,2002)。

第四章 乳中活性蛋白功能评价

奶产品质量安全风险评估实验室（北京）研究发现，乳铁蛋白可以显著抑制人源结肠癌HT29细胞的存活率，同时抑制HT29肿瘤的生长和转移（Li等，2017）。如图4-6所示，相比对照组（无药物处理），乳铁蛋白组小鼠肿瘤体积为对照组的0.65倍，乳铁蛋白组小鼠肿瘤重量为对照组的0.67倍，乳铁蛋白（0.2mg/kg小鼠体重）显著抑制了结肠肿瘤的体积和重量。乳铁蛋白抗结肠癌肿瘤的具体机制与抑制肿瘤组织内血管新生程度相关，众所周知，血管在哺乳动物体内负责运输营养成分，恶变肿瘤组织内血管数量较正常组织显著增加，所以，乳铁蛋白对血管新生现象的有效控制，直接关系着肿瘤组织的营养状态和恶变程度，以及生物体的生命健康状况。如图4-7所示，相比对照组（无药物处理），乳铁蛋白组小鼠肿瘤组织内新生血管数量下降近50%。

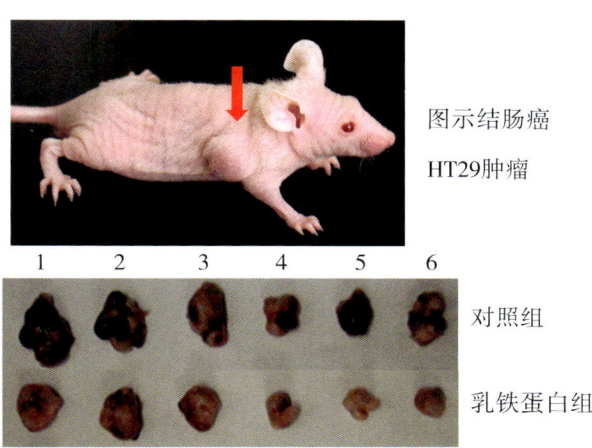

图4-6 乳铁蛋白显著抑制结肠癌HT29肿瘤的直观图

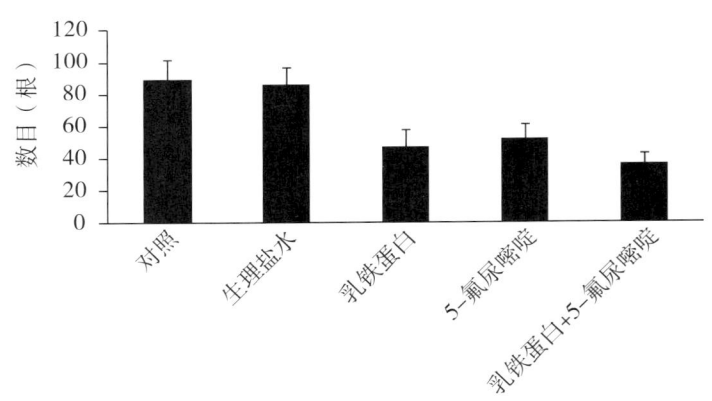

图4-7 乳铁蛋白显著抑制血管新生（新生血管数目统计）

乳铁蛋白还能作为免疫调节剂和增效成分应用于肿瘤的辅助治疗。奶产品质量安全风险评估实验室（北京）研究发现，乳铁蛋白联合5-氟尿嘧啶治疗结肠癌肿瘤中，发挥着增敏、减毒作用（Li等，2017）。如图4-8所示，相比对照组（无药物处理）和5-氟尿嘧啶治疗组，乳铁蛋白联合5-氟尿嘧啶组小鼠结肠癌肿瘤体积和重量显著下降，而肝脏、肾脏损伤程度则大大减轻（图4-9）。

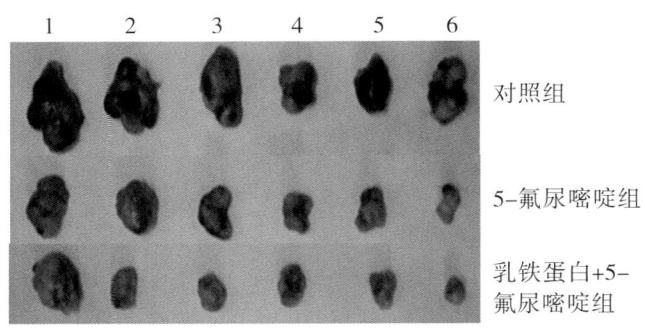

图4-8 乳铁蛋白联合5-氟尿嘧啶治疗结肠癌HT29肿瘤时，发挥增敏作用

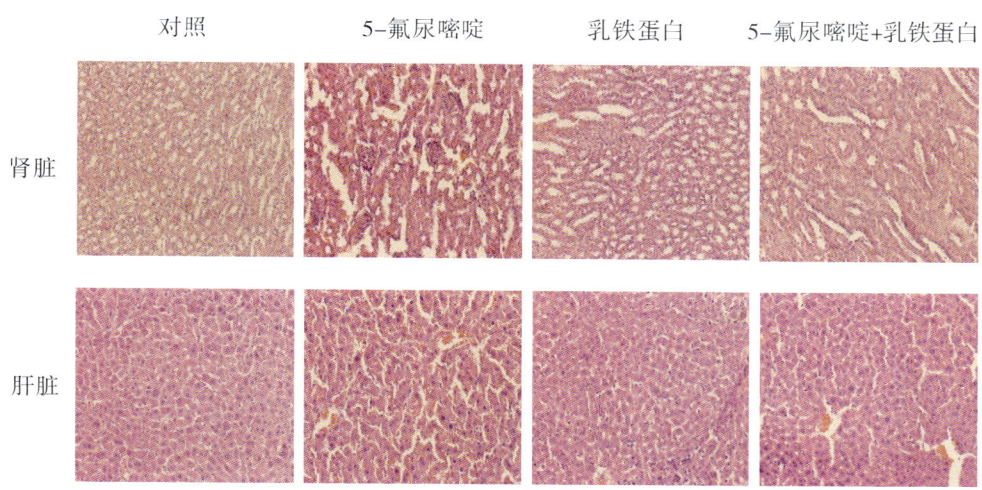

图4-9 乳铁蛋白联合5-氟尿嘧啶治疗结肠癌HT29肿瘤时，发挥减毒作用

同时，鲜少报道乳铁蛋白导致严重不良反应，提示其为一种具有实用价值和开发前景的抗肿瘤和肿瘤治疗辅助药物。

四、乳铁蛋白保护心脑血管及相关机制

心脑血管系统包括心血管和脑血管两大部分，由心脏、大脑、动脉、静脉和毛细血管等组成，是一个循环管道，血液在其中流动，将氧、养分、激素等供给器官和组织，又将组织代谢的废物运送到排泄器官，以保持机体内环境的稳态，保证新陈代谢的正常进行和维持正常的生命活动。心脑

血管疾病泛指由于高脂血症、血液黏稠、动脉粥样硬化、高血压等导致的心脏、大脑及全身组织发生的缺血性或出血性疾病，具有高发病率、高致残率和高死亡率的特点，严重威胁着人类特别是中老年人的健康。

血管内皮细胞是位于血浆与血管组织之间的一层扁平上皮细胞，构成了血管管腔内壁，它沿着整个循环系统，由心脏直至最小的微血管。血管内皮细胞不仅能完成血浆和组织液的代谢交换，并且能合成和分泌多种生物活性物质，以保证血管正常的收缩和舒张，起到维持血管张力、调节血压及凝血与抗凝平衡等特殊功能，进而保持血液的正常流动和血管的长期通畅。血管内皮细胞的功能是保护心脑血管系统、减少发病率的根本保障，血管内皮细胞的基本功能在氧化反应、衰老、代谢异常等因素作用下会受到损伤，很多弹性蛋白、抗凝因子、舒张因子等有益成分分泌受阻，引发血管损伤，进而引起心脑血管疾病（图4-10）。

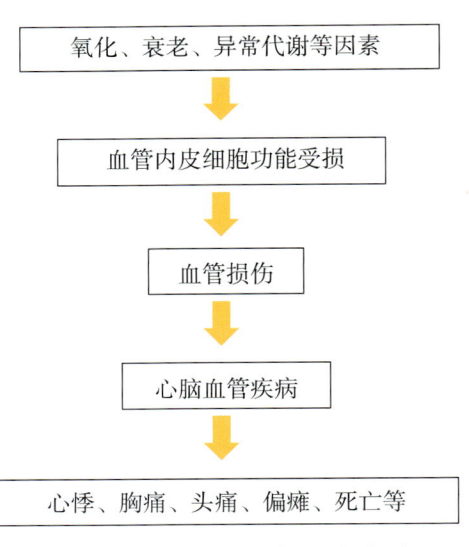

图4-10　心脑血管疾病发病原因及症状

研究发现，用荧光素血管造影术评估氩激光对小鼠脉络膜新生血管的损伤，外源腹膜内注射乳铁蛋白可以使乳铁蛋白基因敲除的小鼠血管内壁损伤面积减小26%，并将由于基因敲除损伤严重小鼠的比例从16%降到2%，证明内源性乳铁蛋白可以减少野生型小鼠脉络膜新生血管的损伤程度，外源注射乳铁蛋白可以减轻基因敲除小鼠脉络膜新生血管损伤程度（Bray等，2018）。另有研究证明，乳铁蛋白可以降解酵母中转运RNA，具有核糖核酸酶活性，且能抑制具有氧化损伤的超氧离子的形成，进而抑制生物体内自由基对动脉血管壁弹性蛋白（由血管内皮细胞分泌）的破坏，达到预治动脉粥样硬化和冠心病的目的。也有报道提出，乳铁蛋白对乙脑病毒（日本脑炎病毒）具有抗病毒作用，其机制可能与乳铁蛋白调节脑血管内皮细胞功能、增强其免疫能力有关（Wakabayashi等，2006；李洪波等，2010）。代谢症候群相关研究报道每天补充乳铁蛋白可以有效降低血液中糖类、三酸甘油酯、胆固醇等含量，改善腹部肥胖、减少心脑血管疾病的发病几率等（Sakai等，1999）。

奶产品质量安全风险评估实验室（北京）研究发现，牛源乳铁蛋白可以通过激活血管内皮细胞中吡哆醛磷酸酶（PDXP）的表达水平，增加下游维生素B_6的合成量，进而调节血管内皮细胞功能，有助于降低心脑血管疾病的发病率（Iigo等，1999）。吡哆醛磷酸酶是一种负责维生素B_6合成的生物蛋白酶，维生素B_6在生物体内参与多种代谢反应，并有效调节血管舒张因子和紧张素的表达水平，而后者则与心脑血管的健康状态密切相关。因此，乳铁蛋白通过对一系列基因和保护因子的调节作用，对血管内皮细胞的功能发挥着保护作用，降低了心脑血管疾病的发病率（图4-11）。

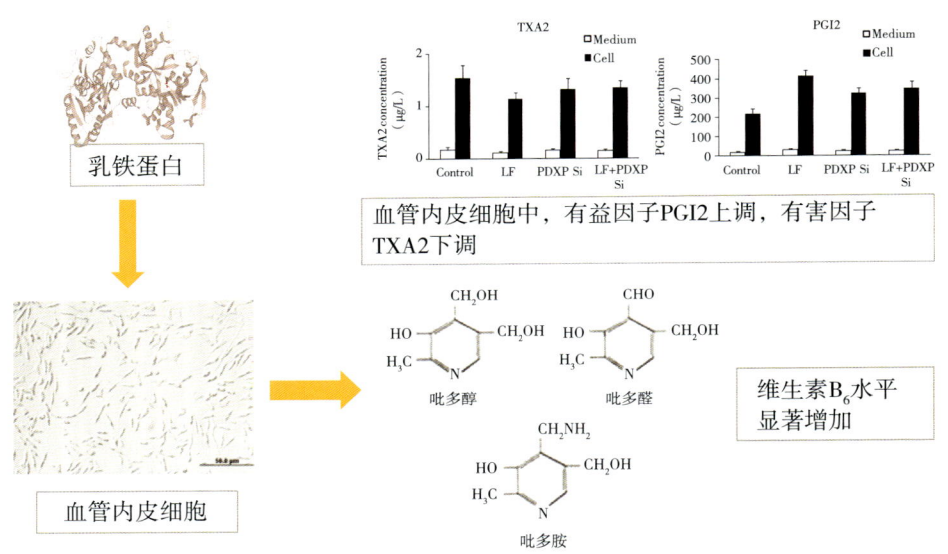

图4-11 乳铁蛋白保护血管内皮细胞的功能机制

综上，乳铁蛋白在临床心脑血管疾病的预防和治疗中，具备一定的药用价值，加上其毒副反应小、吸收效率高等优良特性，提示其具有较好的开发前景。

第五章 专论

"奶瓶子"需要优质乳工程

牛奶是大自然赐予人类最接近完美的食物，素有"白色血液"的美誉，是除母乳之外婴幼儿的第一口粮，理应得到国家、社会和家庭的精心呵护。

人均奶制品消费量是衡量一个国家人民生活水平的主要指标之一。我国人均奶制品消费量比较低，强壮国民体魄尤其需要"奶瓶子"。

党中央、国务院高度重视奶业发展。习近平总书记指出，我国是奶业生产和消费大国，要下决心把奶业做强做优，生产出让人民群众满意、放心的高品质奶业产品，打造出具有国际竞争力的奶业产业，培育出具有世界知名度的奶业品牌；并多次强调要提高奶业质量安全和发展水平，实现奶业振兴。李克强总理批示，实现国内奶业健康发展，既关系广大奶农利益，又关系奶制品安全和群众健康。

因此，中国人的"奶瓶子"要牢牢掌握在自己手里。

一、国产奶与进口奶品质差异大

2017年，我国进口乳制品折合成生鲜乳1 484.7万t，占国内产量的40.6%。进口冲击已经对国产奶业健康发展构成了严重威胁。

消费者面对进口奶和国产奶，常常疑惑究竟哪个更好？

农业农村部奶产品质量安全风险评估实验室（北京）连续3年在全国20多个大中城市，对超市中的国产液态奶和进口液态奶进行了抽样评估和比较研究。

研究发现，进口奶在原产国可能是优质奶，但是漂洋过海，出口到他国消费者手中，就很难再是优质奶。

一是进口液态奶的保质期显著长于国产奶。就像罐头水果的保质期显著长于新鲜水果一样，随着保质期延长，牛奶品质也会显著下降。

二是进口液态奶中β-乳球蛋白、乳铁蛋白等活性蛋白质因子含量显著偏低。而活性营养因子对健康具有重要作用，活性高，营养更好。但这些活性营养因子极易受到过热加工、远距离运输和长期保存的影响而失去活性。

三是进口液态奶糠氨酸含量偏高，表明牛奶的受热程度高、保存时间长或者运输距离远。评估还发现，进口液态奶产品中有使用复原乳的现象，甚至冒用巴氏杀菌奶的包装在中国市场销售。

二、美国奶业由乱到治带来的启示

美国奶业历史上也经历过严重的消费者信任危机，其转型为优质产业的经历能给我国有益的启示。

奶牛和牛奶在美国都是舶来品。1924年之前，美国奶业历经质量安全事件频发的痛苦，尤其是1858年的"泔水奶"事件，导致8 000余名婴幼儿死亡，造成社会恐慌，谈奶色变。

但是，今天牛奶已经成为美国人离不开的营养健康食品，深受消费者信赖。美国人口3.24亿人，牛奶产量9 773万t，年人均奶量达到301kg。美国政府认为"没有任何单一食物能够超过牛奶，成为保持优良健康的营养素来源，尤其是对儿童和老人"。

由乱到治，美国奶业靠什么？

简而言之，靠优质乳制度。

转折点在1924年，美国公共卫生署颁布了关于优质乳的条例，之后虽数易其名，但一直坚持实施至今。其核心内容有三点：实施生鲜乳用途分级标准，不同分级用于加工不同产品；实施生鲜乳分级检测、牧场审核和牛奶加工工艺认证一体化监督管理；实施优质乳标志制度，市场上每一盒牛奶都明确标志使用生鲜乳的质量等级。

1924年第一版优质乳条例规定D级生鲜乳的菌落总数≤500万CFU/mL，到1965年，优质乳条例中取消了除A级之外的其他分级，表明美国生鲜乳基本达到A级标准（生鲜乳的菌落总数≤10万CFU/mL）。2015年，第40次修订的《优质乳条例》颁布。

正是不断坚持的优质乳条例，推动美国奶业从安全底线到优质消费成功转型，成为美国奶业竞争力和美誉度的基石。

三、"奶瓶子"要装满优质乳

邻国日本、韩国都经历过相似的进口奶冲击，但依然全力保障国民喝上优质奶。因此，我国奶业面临的最大挑战是发展方向问题。

为此，中国农业科学院北京畜牧兽医研究所奶业创新团队总结20余年的科研积累，2013年向国家提出"建议我国实施优质乳工程"的报告，又经过5年研究示范，取得三个成效。

一是明确奶业发展的理念和定位。优质乳工程明确提出，我国奶业发展的基本理念是"优质奶，产自本土奶"，奶业不是有或者无的问题，只有向优质绿色的方向发展，才能成为健康中国、满足人民对美好生活需求不可或缺的产业。

国产奶的定位是优质奶，即安全健康、绿色低碳、营养鲜活的奶产品。优质奶与目前市场上所谓的"高端奶"有本质区别，不是专供高档消费的特殊奶产品。相反，由于优质奶就在身边，更加鲜活、更加经济方便，所以更能够惠及每个家庭。

进口奶的定位是商业利润。经过漂洋过海后，很难担当优质奶的大任。但是，我国地域宽广、人口众多，奶业发展很不平衡，也需要进口奶提供数量上的补充。

二是坚守奶牛养殖业是奶业的命根子。近10年来，我国优质奶源比例大幅度增加。但由于养殖业与加工业长期割裂，生鲜乳用途分级标准缺失、优质乳标志空白，导致优质奶源难以优价，更难传递到消费者，给进口奶冲击留下裂缝，奶牛养殖业亏损面达到50%以上。优质乳工程提出用优质奶产品标识提振消费信心，倒逼乳品加工企业主动寻求优质奶源的模式，破解了养殖业与加工业利益长期割裂的难题。

三是用优质绿色打造国产奶核心竞争力。5年来，优质乳工程研发了生鲜乳用途分级、低碳加工工艺和优质奶产品评价三项核心技术。截至2018年8月，已经有22个省（区、市）42家企业自愿开展技术示范应用，充分挖掘本土奶源的鲜活优势，开发出深受消费者喜爱的优质奶产品，形成了强大市场竞争力。

国产奶业应当解放思想，在牢牢确保安全底线的同时乘势而上，围绕营养品质、市场公平和消费教育等制约国产奶竞争力的瓶颈因素，加快开展规范标准和认证认可工作，尤其要鼓励国内企业对本土奶的质量特征进行客观真实的标示，引导整个奶业向优质绿色发展转型升级。

牢牢掌握"奶瓶子"，把本土奶打造成优质奶，就能够立于不败之地，任凭风吹浪打，都能持续健康发展。"优质奶，产自本土奶"的科学理念，应广为传播，使之根植于消费者心中。

（《中国科学报》2019-05-14　第5版　农业科技）

参考文献

李洪波，周强，滕国新，等. 2010. 乳铁蛋白与肿瘤关系的研究进展. 食品工业科技，31(1): 399-401.

Bray F，Ferlay J，Soerjomataram I，et al. 2018. Global cancer statistics 2018: GLOBOCAN estimates of incidence and mortality worldwide for 36 cancers in 185 countries [J]. CA: A Cancer Journal for Clinicians，68(6): 394-424.

Fujita K，Matsuda E，Sekine K，et al. 2004. Lactoferrin enhances Fas expression and apoptosis in the colon mucosa of azoxymethane-treated rats. Carcinogenesis，25(10): 1 961-1 966.

Iigo M，Kuhara T，Ushida Y，et al. 1999. Inhibitory effects of bovine lactoferrin on colon carcinoma 26 lung metastasis in mice. Clinical and Experimental Metastasis，17(1): 35-40.

Kuhara T，Iigo M，Itoh T，et al. 2000. Orally administered lactoferrin exerts an antimetastatic effect and enhances production of IL-18 in the intestinal epithelium. Nutrition and Cancer, 38(2): 192-199.

Li H Y, Li M, Luo C C, et al. 2017. Lactoferrin Exerts Antitumor Effects by Inhibiting Angiogenesis in a HT29 Human Colon Tumor Model. Journal of Agricultural and Food Chemistry, 65(48): 10 464-10 472.

Sakai T, Katho Y, Hyoudou I, et al. 1999. The mechanisms of apoptosis induced by pepsin-digested lactoferrin (lactoferricin) in oral cancer cells. International Journal of Oral & Maxillofacial Surgery, 28(99): 129.

Shi H, Li W. 2014. Inhibitory effects of human lactoferrin on U14 cervical carcinoma through upregulation of the immune response. Oncology Letters, 7(3): 820-826.

Tsuda H, Sekine K, Fujita K, et al. 2002. Cancer prevention by bovine lactoferrin and underlying mechanisms-a review of experimental and clinical studies. Biochem Cell Biol., 80(1): 131-136.

Ushida Y, Sekine K, Kuhara T, et al. 1999. Possible

chemopreventive effects of bovine lactoferrin on esophagus and lung carcinogenesis in the rat. Cancer Science, 90(3): 262-267.

Wakabayashi H, Yamauchi K, Takase M. 2006. Lactoferrin research, technology and applications. International Dairy Journal, 16(11): 1 241-1 251.

Wolf J S, Li G Y, Taylor R J. 2005. Human lactoferrin induces growth arrest and IL-8 production in human head and neck squamous cell carcinoma cell lines. Cancer Research, 65, (9): 1 378.

Zheng N, Zhang H, Li S L, et al. 2018. Lactoferrin inhibits aflatoxin B1-and aflatoxin M1-induced cytotoxicity and DNA damage in Caco-2, HEK, Hep-G2 and SK-N-SH cell. Toxicon, 150: 77-85.

致　谢

衷心感谢以下单位和项目的支持：

农业农村部农产品质量安全监管司

农业农村部畜牧兽医局

农业农村部农垦局

农业农村部奶产品质量安全风险评估实验室（北京）

农业农村部奶及奶制品质量监督检验测试中心（北京）

农业农村部奶及奶制品质量安全控制重点实验室

国家奶业科技创新联盟

国家奶产品质量安全风险评估重大专项

农产品（生鲜乳、复原乳）质量安全监管专项

公益性行业（农业）科研专项

国家奶牛产业技术体系

中国农业科学院科技创新工程